分布式中间件核心原理与 RocketMQ 最佳实践

刘猛◎编著

ORE PRINCIPLES OF
DISTRIBUTED MIDDLEWARE AND
ROCKETMQ BEST PRACTICES

北京大学出版社
PEKING UNIVERSITY PRESS

内 容 简 介

本书从分布式系统的基础概念讲起，逐步深入分布式系统中间件进阶实战，并在最后结合一个大型项目案例进行讲解，重点介绍了使用Spring Cloud框架整合各种分布式组件的过程，让读者不但可以系统地学习分布式中间件的相关知识，而且还能对业务逻辑的分析思路、实际应用开发有更为深入的理解。

全书共分12章，前3个章节是学习分布式系统架构的准备阶段。第1章开篇部分，讲解演进过程中分布式系统是如何出现的；第2章Spring部分，讲解如何搭建目前流行的Spring Boot和Spring Cloud框架；第3章容器部分，讲解目前最流行的Docker容器技术和Kubernetes容器编排工具；第4~8章深入讲解消息中间件RocketMQ的相关知识，理论与实战并存；第9章将深入RocketMQ底层，探索阅读源码的乐趣，掌握精通RocketMQ的同时学会阅读源码的方法；第10章和第11章讲解分布式系统中必须考虑的问题：分布式事务与分布式锁；第12章以一个电商系统业务为例，让读者体验一个项目从无到有的过程，并学以致用。

本书内容由浅入深、结构清晰、实例丰富、通俗易懂、实用性强，适合需要全方位学习分布式中间件相关技术的人员，也适合培训学校作为培训教材，还可作为大、中专院校相关专业的教学参考书。

图书在版编目(CIP)数据

分布式中间件核心原理与RocketMQ最佳实践 / 刘猛编著. — 北京：北京大学出版社，2023.1
ISBN 978-7-301-33504-8

Ⅰ. ①分… Ⅱ. ①刘… Ⅲ. ①计算机网络 – 软件工具 Ⅳ. ①TP393.07

中国版本图书馆CIP数据核字（2022）第193177号

书　　　名	分布式中间件核心原理与RocketMQ最佳实践 FENBUSHI ZHONGJIANJIAN HEXIN YUANLI YU ROCKETMQ ZUIJIA SHIJIAN
著作责任者	刘　猛　编著
责 任 编 辑	王继伟　吴秀川
标 准 书 号	ISBN 978-7-301-33504-8
出 版 发 行	北京大学出版社
地　　　址	北京市海淀区成府路205 号　　100871
网　　　址	http://www.pup.cn　　新浪微博：@北京大学出版社
电 子 信 箱	pup7@pup.cn
电　　　话	邮购部 010-62752015　发行部 010-62750672　编辑部 010-62570390
印 　刷 　者	三河市博文印刷有限公司
经 销 者	新华书店
	787毫米×1092毫米　16开本　18.25印张　364千字
	2023年1月第1版　2023年1月第1次印刷
印　　　数	1–3000册
定　　　价	89.00元

前言
Introduction

本书创作的初衷

　　书籍是知识的载体，读者选择阅读这本书就一定想从中获得自己想要的答案。阅读是理解知识的最佳途径，笔者在实际工作中也经常阅读书籍，并从书中获得了自己需要的知识。为什么会写这本书呢？那是因为最近几年分布式系统架构在当前市场中已经成了业界标准，如果你去面试时说自己没有接触过分布式系统架构，那十有八九是直接没戏了。当然，这本书的写作不仅仅是为了应付面试，更多的是用来帮助读者学习和实践分布式系统中间件的相关知识，以及掌握RocketMQ的底层原理，做到精通的程度。

　　其实目前国内的图书市场中有关分布式技术的书籍还是不少的，但使用大白话来讲解，能让读者易读易懂的书籍却没有那么多。所以本书的一大特色就是完全使用大白话来说明理论知识，并通过手把手的实战来让读者更容易地学习分布式系统的知识，从而能够在真正意义上帮助读者提高自己的技术水平，为自己的职业道路奠定基础。

适合阅读本书的读者

　　需要全方位学习分布式中间件的技术人员；
　　对RocketMQ消息中间件有着强烈探索欲望的人；
　　希望学会分布式技术，准备求职面试的人；
　　相关专业的学生以及培训机构学员。

赠送资源

　　本书附赠全书案例源代码，读者可以扫描右侧二维码关注"博雅读书社"微信公众号，输入本书77页的资源下载码，即可获得本书的下载学习资源。

读者讨论

分布式技术通过一本书是远远讲不完的，本书不单纯是技术工具书，不可能包含全部分布式技术内容，所以阅读本书的目的不应该是在其中找到所有想要探寻的答案，而是掌握探寻答案的能力。授人以鱼不如授人以渔，相信本书会给你提供很大的帮助。

如果小伙伴们在书中发现不懂的问题，或者是不准确的地方，欢迎关注微信公众号"HUC思梦"联系笔者共同探讨问题。

编者

目录
Contents

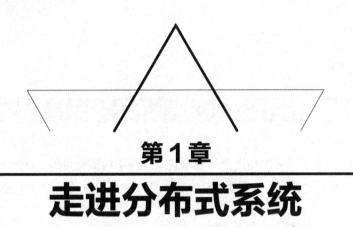

第 1 章

走进分布式系统

本章作为本书的开端，主要是带领读者认识分布式系统的来源与特性，并分析分布式系统带来的一些技术问题与解决方案，为后续分布式系统的学习打下良好的基础。

本章主要涉及的知识点如下。

- 分布式系统的架构演变过程。
- 分布式系统的优缺点。
- 分布式中间件。

1.1　分布式系统简介

本节首先会从一个架构师的角度介绍分布式系统的架构演变过程，让读者理解分布式系统的来龙去脉。只有理解了分布式系统为何而生，才能更好地去学习和实践。

1.1.1　分布式系统的架构演变过程

在谈分布式系统架构之前，首先我们要明确一个问题，不是所有的业务都需要使用分布式系统架构，分布式系统架构本身只是技术演进的一个方向。那么一般情况下技术是如何演进的呢？我们可以认为，技术的演进是由架构师根据系统与业务的实际情况，进行的技术升级。

在不同的业务场景下，技术演进的方向是不同的，但最初的技术架构一定是一个单体应用架构。我们就以互联网技术演进的模式来分析一下技术演变的过程。

虽然同样是互联网公司，业务也会千差万别，但它们的发展模式是很相似的。一般情况下，可以把技术演变的过程分为几个时期：初创期、发展期、竞争期和成熟期。不同时期的差别主要在于两个方面：业务复杂性和用户的规模。

我们来看一看不同时期的技术架构演变方式是什么样的。

1. 初创期

在这个阶段，公司就像是一张白纸，业务的重点不在于完善，而在于创新，以吸引更多的用户使用。而新的产品问世，是不可能一下子就很完善的。只有通过越来越多的用户来使用产品，指正错误，再通过不断地迭代、修复错误、完善功能，产品才能日臻完善，公司才能持续发展下去。

初创期的业务对技术就一个要求：快。但这个时候，公司的技术人员不会很多，可能就那么几个，所以对于初创公司来讲，技术的选择一般遵循"能买就买，有开源就用开源"的原则。技术架构可能也很简单，也许就只有一台服务器，既做应用服务器，又做数据库服务器，如图1.1所示。

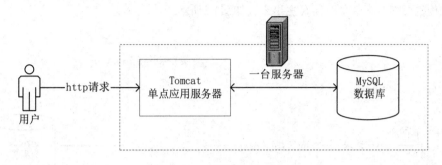

图1.1　初创期单体技术架构

2. 发展期

这个阶段产品已经经过了初创期的市场验证，有了一批用户的支持，此时原来不够完善的业务就会进入快速发展期，在快速发展中逐步对产品进行完善。因此，会有越来越多的新功能加入产品中。对于大多数技术团队来讲，这一时期的首要任务还是一个字——"快"，只有能够快速地实现各种需求，才能满足业务发展的需要。

为了实现快速开发，一般技术团队会经历三个阶段：加功能期、优化期、架构期。

（1）加功能期。

当公司的业务刚刚进入快速发展期，此时产品内容还不是很多，新功能的需求不停地被提出，那么最快的实现方式就是在原有的技术架构中实现新的功能，就算想去重构技术架构，也会由于人力情况和业务压力情况而有心无力。

（2）优化期。

随着新功能越来越多，原有的系统技术架构会变得越来越复杂，系统会越来越缓慢，为了解决这个情况，技术团队一般会有两个选择：优化系统和切换架构。

优化系统就是在原有的系统架构之上采用模块切分、代码重构、SQL优化、增加缓存、更换数据库等来提升整体速度。这样的方式相比于切换架构改动的地方要少很多，但可能随着业务的发展，很快又会出现问题。优化后的架构可能如图1.2所示。

切换架构主要是将原有系统的架构进行重构，可能是把单体架构拆分为分布式架构。这样切换后可以支撑比较长期的业务发展，但缺点也是很明显的：工作量庞大，切换周期长，对业务发展的影响很大。如果选择了切换架构的方式，就会直接进入架构期。

（3）架构期。

如果优化期选择了切换架构的方式，或者优化后的系统经过一段时间的发展，再次出现复杂性等问题，这时就进入了架构期。

架构期的手段有很多，可能要经过重重会议筛选后才能决定架构的重构方向，但总结起来，其实就是一个"拆"字，拆功能、拆服务、拆服务器、拆数据库等。所谓的分布式系统架构也可能会在这个时候诞生出来，如图1.3所示。

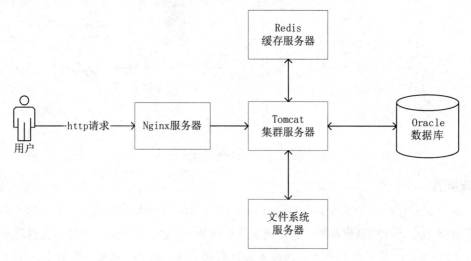

图1.2　优化后可能的技术架构

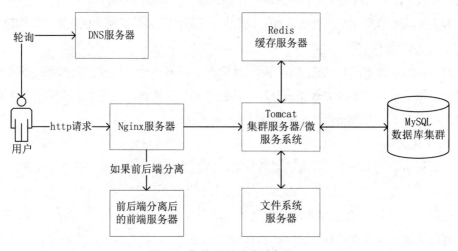

图1.3　架构期的分布式架构

3. 竞争期

随着公司业务的不断发展，一定会出现很多竞争对手加入同样的行业中来，并且相互进行模仿，使得整个行业的业务更加完善，技术架构上拆分得会越来越多，这时之前拆分后达到的效果将逐渐消退，不知不觉系统又会变慢，变慢的主要原因就是重复"造轮子"和混乱的系统交互。

这时可供选择的解决方案就是平台化和服务化。平台化就是解决重复造轮子的问题，我们可以简单地理解成业务开发一体化，淘宝的TFS、百度的DBProxy、腾讯的TTC、Docker等就是平台化的实际案例。服务化就是解决系统交互混乱的问题，Dubbo、Kafka、Spring Cloud等就是服务化的实际案例。

4. 成熟期

当企业经过了竞争期的洗礼，最终成为业界的领头羊，业务的创新机会就不会那么多了，技术架构也基本成熟。这时从技术角度来讲，工作的核心就是求"精"和求"稳"，也就是性能优化和数据安全。性能优化这部分没有固定的方案了，可能是缓存、网络、CDN等的优化，可以采取之前任意时期的优化手段。数据安全主要是实现系统的高可用，比如异地多活、数据备份、安全漏洞分析等。

通过上文的分析可以得出结论，技术架构演进的原因就是业务的复杂性和用户规模的变化，本质上来讲就是一个从量变到质变的过程。那么究竟用户规模发展到什么程度需要进行一次技术的演进呢？不同行业是有所差异的，但基本可以按照下边的指标来判断，如表1.1所示。

表1.1　用户规模对应的技术演进

用户规模	业务阶段	技术演进
0~1万	初创期	没有什么特别的技术压力，单机架构足以支撑
1万~10万	发展期	用户规模对性能和可用性已经产生了压力，单机架构可能无法继续支持业务，可以开始考虑集群化部署、增加缓存架构等优化方案
10万~100万	发展期	用户规模对系统产生的压力较大，除了集群化部署，需要开始考虑拆分业务
100万~1000万	竞争期	用户规模会对系统产生严重的压力，可以考虑集群化、分布式架构、异地多活、微服务化等，这时对于技术人员来讲会接触到很多具有竞争力的技术
1000万~1亿	竞争期&成熟期	海量的用户量可能导致之前的技术架构不足以支撑业务的发展，可能需要技术架构的再次变革。在这个阶段中，技术人员可能会比较累，但这个机会非常难得，很锻炼人
1亿以上	成熟期	这时业务趋于稳定，技术架构也同样趋于稳定，对于技术人员来讲，更多的时候可能在于运维工作，除此之外进行技术的细节性能优化等工作。如果你能在这样的公司里，简直太幸运了

应对不同时期，会有不同的技术演进方式，演进的目标一般是让系统实现三高架构，即高性能、高可用和高可扩展的系统架构，最理想的情况是防患于未然，在系统由于种种原因失去三高之前就开始着手技术的演进工作，这是一名合格架构师该做的工作。

到这里我们并没有去仔细地说明什么是分布式系统架构，但是相信读者经过本节对技术演进过程的介绍，能够清楚地认识到，分布式系统的架构是由于业务的发展，随着技术的演进而出现的，不是所有的场景都适合使用分布式系统架构，当我们做技术选型的时候，一定要根据实际的业务情况和用户规模，选择最适合自己目前情况的系统架构。

1.1.2 分布式系统的特性

1. 什么是分布式系统

1.1.1 节我们理解了分布式系统架构的演变过程，但一直没有介绍什么是分布式系统，相信读者或多或少都了解过分布式系统的概念，比如百度百科上是这么介绍的。

分布式系统是建立在网络之上的软件系统。正是因为软件的特性，所以分布式系统具有高度的内聚性和透明性。因此，网络和分布式系统之间的区别更多地在于高层软件（特别是操作系统），而不是硬件。

看完这段比较官方的解释，不知道读者作何感想，反正我是不能很清晰地理解它的含义。这里我们可以简单地理解成，如果一个系统正常运行的条件是需要多个相关系统/子系统共同协作，并且相关系统/子系统分布在不同的服务器上，这个整体就是一个分布式系统。

2. 分布式系统的特性

对于分布式系统的特性，同样是众说纷纭，没有一个准确的答案，我们了解如下内容即可。

（1）资源共享。

分布式系统下每个系统之间一定是存在通信的，通信就会涉及数据的共享，比如共同的数据库、共同的文件系统等。

（2）高内聚低耦合。

分布式系统一定是高内聚低耦合的系统，单独系统的故障不会影响整体系统的运行。

（3）扩展性。

分布式系统的扩展一般很容易，增加新的子系统即可实现，也就是水平扩展的思想。

1.1.3 分布式系统带来的问题

分布式系统虽然可以解决单机系统的性能、速度等问题，但有得必有失，它同样会给系统带来很多疑难杂症。

（1）技术复杂度。

演变为分布式系统后，整体的技术架构更加复杂，不像单体架构那样只管增加（Create）、读取（Read）、更新（Update）和删除（Delete）可以了。相对的，开发和运维人员的技术要求就更高了，会增大学习成本。

（2）网络稳定性。

分布式系统节点与节点的通信都是网络通信，但网络是无法保证时时刻刻的可用性的，总会经历网络延时、网络中断等情况，分布式系统一定要考虑网络出现问题后整体的运行情况。

（3）单节点的故障性。

之前我们说过，分布式系统的一大特性就是单节点的故障不会导致整体系统的不可用，但如果故障的服务只部署了一个呢？这样就会导致系统瘫痪，所以使用分布式系统一定要考虑服务的集群化部署，并支持主备切换。

（4）分布式下的Session共享。

分布式下每次访问的节点不一定是一个，所以用户的Session如何保证不会失效，也是需要考虑的问题。

（5）分布式事务与分布式锁。

分布式下的事务和锁的机制与单机情况下是不同的，需要考虑分布式下如何实现。

（6）分布式下的唯一ID问题。

单体应用下的ID生成策略，我们可以使用数据库自增主键或者使用数据库序列来实现，但这种策略不适用于分布式系统，所以需要考虑如何生成分布式下的唯一ID。

本节列举了一些常见的分布式系统带来的问题，可以看出，分布式系统虽然给我们带来了很大的益处，但也会带来新的挑战和不稳定性，可谓一把双刃剑。

1.2　分布式中间件简介

本节将为大家介绍分布式中间件的概念，旨在让读者理解分布式中间件在分布式系统中起到什么作用。之后再向读者介绍一些常用的分布式中间件，本节偏理论，读者自行选择是否查阅。

1.2.1　什么是分布式中间件

分布式系统架构带来了很多单机系统无须考虑的问题，所以一定需要引入新的东西来解决这些新的问题。中间件就是解决这些问题的工具之一，它游走于各个业务系统之间，本身又是一个可以独立部署的服务或系统，主要用于协调各个业务系统之间的工作，读者只要了解到这里就够了。

1.2.2 常用的分布式中间件

接下来我们来看一看目前市场上常用的分布式中间件有哪些。

1. 数据库中间件MyCat

Mycat是一款开源的数据库中间件系统，旨在让前端用户采用MySQL的客户端和命令访问，而它的后端可以实现数据库的分库分表，可以认为它就是一个数据库的代理工具。Mycat发展到现在，不仅能支持Mysql，还可以支持很多其他主流数据库，如Oracle、SQL Server、PostgreSQL等。类似的工具还有sharding-JDBC。

2. 消息中间件RocketMQ

RocketMQ是由阿里开源的使用Java开发的消息中间件，可用于消息的异步发送、解耦、消息限流、延时队列、死信队列等。在高并发的电商系统，或者平台化数据中心等场景，可以发挥很大的作用。本书会带领读者深入源码级别理解RocketMQ的核心原理，并搭配实际生产案例进行讲解，这是本书的重点内容。

3. 缓存中间件Redis

Redis相信大家都或多或少有所耳闻，支持key-value存储、内存级数据库、单线程多路复用技术实现高性能处理。目前它在业界已基本成为缓存的标准，可以解决分布式锁、分布式session等问题。

4. 分布式协调中间件ZooKeeper

Zookeeper也是很常见的中间件，通过专有的监听机制同样可以实现分布式锁，同时，在微服务中也可以作为注册中心来使用。常见的注册中心还有Spring Cloud中的Eureka、HashiCorp的Consul、阿里的Nacos。

常用的中间件我们就介绍到这里。分布式中间件实际上还有很多，技术实力强的公司还会自己研发适合公司业务的中间件。

1.3　小结

本章作为引导章节，向读者介绍了分布式系统的来龙去脉，又介绍了常用的分布式中间件。内容偏理论，但这些是学好分布式系统的基础。

后续章节中会穿插实战内容，希望读者边看书边动手，效果会更好。

留给大家一个思考题，如果你是一名架构师，分析一下你们现有的系统，你觉得现有系统适合重构成分布式系统吗？什么样的系统适合重构成分布式系统呢？

第 2 章
Spring 微服务实战

本章向读者介绍Spring Boot和Spring Cloud的基本搭建步骤，同时手把手带领读者编写出自己的微服务项目，旨在让读者快速掌握当前主流的微服务框架。

本章主要涉及的知识点如下。

- 介绍Spring Boot与Spring Cloud。
- 手把手搭建Spring Boot项目。
- 手把手搭建Spring Cloud微服务项目。

注意：本章内容偏重于实际操作，不会做太多原理的解析。

2.1 Spring Boot实战

本节主要带领读者一起了解Java的最常用开发框架Spring Boot，手把手带领读者写出自己的第一个Spring Boot项目。

2.1.1 什么是 Spring Boot

如果你是一名Java工程师，我想你一定知道什么是Spring，而Spring Boot是Spring家族中的一员，它出现的目的就是简化Spring的配置和开发过程。

对于什么是Spring Boot这样的话题，笔者并不想多做介绍，我们只需要知道，它已经成为Java开发的首选框架，使用它，就算是一名没有多少经验甚至是刚刚毕业的Java工程师，也能很轻松地搭建出一套开发框架。

下面我们直接进入实际的操作部分。

2.1.2 创建 Spring Boot 项目

一般情况下，创建Spring Boot项目有三种方式，分别是：从官网上在线创建、通过开发工具创建、通过Maven手动创建。

本节不打算介绍每一种创建方式，因为没有必要，平时我们最常用的创建方式就是通过开发工具自动创建了，这里只介绍通过IDEA创建的步骤，其余创建方式请读者自行查找资料。

（1）打开开发工具idea，然后选择New→Project，选择Spring Initializr，指定工程的SDK，如图2.1和图2.2所示。

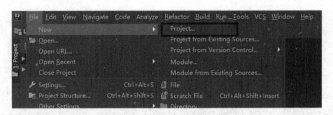

图2.1　创建Spring Boot项目步骤1

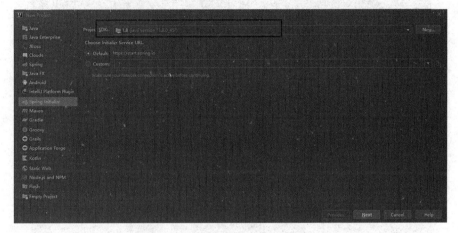

图2.2　创建Spring Boot项目步骤2

（2）单击Next，此时idea会自动连接到Spring Boot官网，我们按照Maven命名规范填写相应的Group等内容，如图2.3所示。

图2.3　创建Spring Boot项目步骤3

（3）单击Next，选择Spring Boot的版本，这里建议大家选择稳定版本，本次我们选择2.2.12版本。同时在此界面可以选择想要加入的Spring组件，比如Spring Web、Spring Session等，这里先不选择，如图2.4所示。

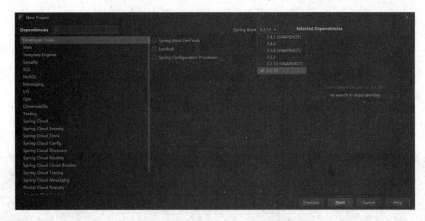

图2.4　创建Spring Boot项目步骤4

（4）单击Next，填写工程名称，选择工程路径，如图2.5所示。

图2.5　创建Spring Boot项目步骤5

（5）单击Finish，等待Maven构建项目即可，如图2.6所示。

图2.6　创建Spring Boot项目步骤6

到这里，一个基本的Spring Boot项目就搭建完成了，我们打开HelloworldApplication.java，此类为项目的启动入口，代码如下。

```
package com.huc.helloworld;

import org.springframework.boot.SpringApplication;
import org.springframework.boot.autoconfigure.SpringBootApplication;

@SpringBootApplication
public class HelloworldApplication {

    public static void main(String[] args) {
        SpringApplication.run(HelloworldApplication.class, args);
    }

}
```

运行main方法，出现如图2.7所示的日志，即可确定项目搭建成功。

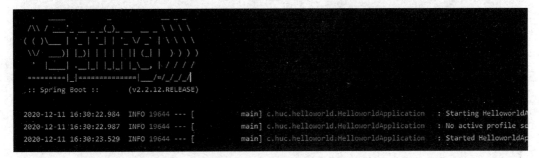

图2.7　项目启动日志

2.1.3　实战：Spring Boot 定时访问数据库

现在我们已经知道了如何创建一个最基本的Spring Boot项目，那么接下来就一起写一段程序，来快速入手Spring Boot吧。

场景是这样的，现在假如你是一个刚刚毕业的学生，入职后组长给了你一个练习的任务，在有限的时间内写好一段程序，需求是每隔一分钟插入消息表一条数据，消息内容为"练习任务"，消息状态为"未读"。消息表的结构如表2.1所示。

表2.1　消息表结构

字段名	字段类型	字段描述
id	INT	主键

续表

字段名	字段类型	字段描述
message	VARCHAR(32)	消息内容
status	VARCHAR(1)	消息状态：1未读，2已读

你接到任务后根据已经掌握的知识，觉得并不难，首先根据我们讲过的知识快速搭建出Spring Boot的基础项目体系，然后开始思考如何使用Spring Boot做定时任务。通过查阅资料，发现Spring Boot自己就支持定时任务，只需要使用注解即可。代码如下。

```
package com.huc.quartz.config;

import org.springframework.context.annotation.Configuration;
import org.springframework.scheduling.annotation.EnableScheduling;
import org.springframework.scheduling.annotation.Scheduled;

import java.time.LocalDateTime;

@Configuration        // 1.主要用于标记配置类
@EnableScheduling     // 2.开启定时任务
public class SaticScheduleTask {
    //3.添加定时任务 (每5秒执行一次)
    @Scheduled(cron = "0/5 * * * * ?")
    private void configureTasks() {
        System.err.println("执行静态定时任务时间: " + LocalDateTime.now());
    }
}
```

启动项目后发现控制台每5秒就会执行一次打印，如图2.8所示。

图2.8　定时任务测试

所以一个定时任务就这么实现了，再次展现了Spring Boot的强大，这里使用的是cron表达式定义的间隔时间。cron 表达式格式为：[秒] [分] [小时] [日] [月] [周] [年]。

代码中"0/5 * * * * ?"的意思是每5秒执行一次，"/"用于时间表的递增。如果改为"0 0 12 * * ?"，表示的就是每天中午12点触发。更详细的语法，读者可以自行查阅资料了解。

说明：实际工作中只有定时任务需求比较简单时，才会使用这种注解的方式来实现，复杂一点的场景都是使用 Quartz 来做定时任务的，感兴趣的小伙伴可以自己去查询了解。

现在定时任务不再是问题，那么接下来应该考虑的问题就是如何去连接数据库了。你查阅资料后接触了myBatis，于是想要把myBatis引入项目中。修改项目的pom.xml文件如下。

```xml
<?xml version="1.0" encoding="UTF-8"?>
<project                      xmlns="http://maven.apache.org/POM/4.0.0"
xmlns:xsi="http://www.w3.org/2001/XMLSchema-instance"
        xsi:schemaLocation="http://maven.apache.org/POM/4.0.0
https://maven.apache.org/xsd/maven-4.0.0.xsd">
    <modelVersion>4.0.0</modelVersion>
    <parent>
        <groupId>org.springframework.boot</groupId>
        <artifactId>spring-boot-starter-parent</artifactId>
        <version>2.4.1</version>
        <relativePath/> <!-- lookup parent from repository -->
    </parent>
    <groupId>com.huc</groupId>
    <artifactId>quartz</artifactId>
    <version>0.0.1-SNAPSHOT</version>
    <name>quartz</name>
    <description>quartz project for Spring Boot</description>

    <properties>
        <java.version>1.8</java.version>
    </properties>

    <dependencies>
        <!--        引入mybatis       -->
        <dependency>
            <groupId>org.mybatis.spring.boot</groupId>
            <artifactId>mybatis-spring-boot-starter</artifactId>
        </dependency>
        <!--        引入mysql数据库驱动      -->
        <dependency>
            <groupId>mysql</groupId>
            <artifactId>mysql-connector-java</artifactId>
            <version>8.0.22</version>
        </dependency>

        <dependency>
            <groupId>org.springframework.boot</groupId>
            <artifactId>spring-boot-starter-test</artifactId>
            <scope>test</scope>
        </dependency>
```

```
    </dependencies>

    <build>
        <plugins>
            <plugin>
                <groupId>org.springframework.boot</groupId>
                <artifactId>spring-boot-maven-plugin</artifactId>
            </plugin>
        </plugins>
    </build>

</project>
```

这样mybatis就被成功引入了，接下来就是做一些配置，我们将application.properties文件修改为application.yml配置文件，配置内容如下。

```
spring:
  datasource:
    username: root
    password: root
    url:
    jdbc:mysql://localhost:3306/jeecg-boot?useUnicode=true&characterEncoding=utf-8&useSSL=true&serverTimezone=UTC
    driver-class-name: com.mysql.cj.jdbc.Driver
    type: com.zaxxer.hikari.HikariDataSource

# MyBatis
mybatis:
  # 搜索指定包别名
  typeAliasesPackage: com.huc.**.domain
  # 配置mapper的扫描，找到所有的mapper.xml映射文件
  mapperLocations: classpath*:mapper/**/*Mapper.xml

#showSql
logging:
  level:
    com.huc: debug
    org.springframework: warn
```

到这里配置工作就完成了，如果按照正常的顺序，我们应该手动创建数据库实体，再创建mapper，但idea已经提供了mybatis的逆向工程的功能，可以大大提高开发效率。

首先我们需要使用idea连接到mysql数据库，连接后选择要逆向生成实体的表，单击鼠标右键就会看到逆向工程的菜单，如图2.9所示。

图2.9　idea逆向工程

单击菜单即可配置逆向工程要生成的内容，按需选择即可，如图2.10所示。

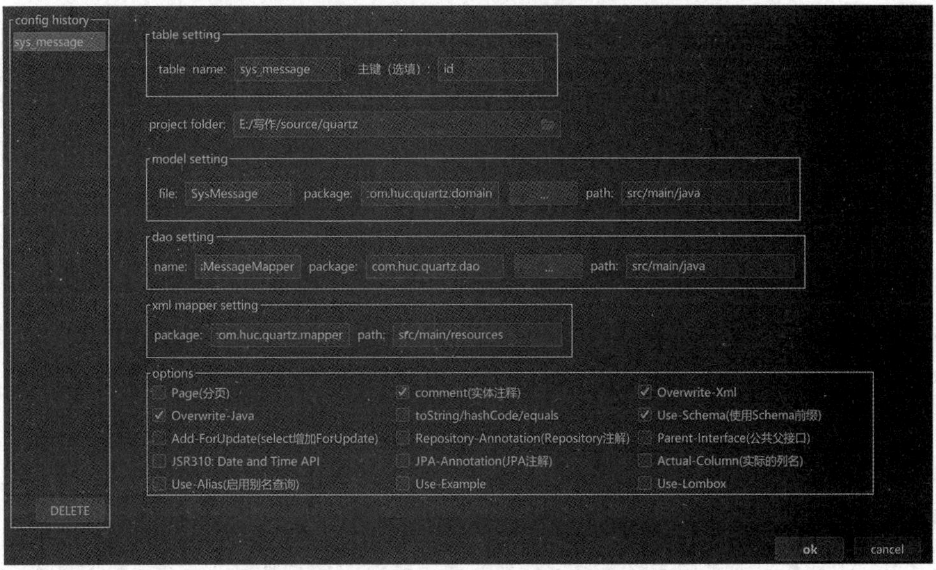

图2.10　idea逆向工程具体配置

配置后，我们生成了实体类SysMessage.java、mapper类SysMessageMapper.java、mapper文件SysMessageMapper.xml，然后在启动类QuartzApplication.java上增加mapper扫描注解@MapperScan("com.huc.quartz.mapper")，在SysMessageMapper.java上增加@Repository注解。

最后在SaticScheduleTask.configureTasks方法中调用SysMessageMapper的方法，即可正常操作数据库。

完整代码请参考随书源码，这里不在文中一一展示。

在实际工作中，使用定时器的地方也很多，比如定时同步数据、每月最后一天修改数据的状态字段等。这时我们就可以创建一个简单的Spring Boot定时器项目来实现了。

2.2　Spring Cloud实战

本节我们将一起走进Spring Cloud微服务项目，用画图的方式带领读者理解Spring Cloud最核心的几大组件，并和读者一起搭建出属于自己的Spring Cloud开发框架。

2.2.1　什么是 Spring Cloud

2.1节我们了解了Spring Boot，相信你已经对它并不陌生了，那么一定也听说过Spring Boot可以简单地搭建微服务项目，但总觉得还少了点什么，这时Spring Cloud横空出世，它让Java领域中构建微服务项目不再杂乱无章。Spring Cloud结合Spring Boot提供了组件式的一键启动和部署的能力，极大地规范和简化了微服务架构的落地工作。

2.2.2　从电商系统看 Spring Cloud 基本架构

那么Spring Cloud的基本架构是什么样的呢？相信很多读者在其他地方或多或少地对它有所了解，但可能太偏重于理论，为了能够使读者印象深刻，我们就以一个简单的电商系统业务来引出Spring Cloud的基本架构。

首先我们来了解一下这个简单电商系统的业务流程。

用户要通过我们的电商系统买入一些商品，整个请求流程会经过订单系统下订单、库存系统扣减库存、仓储系统通知发货、积分系统累加积分，如图2.11所示。

注意：实际的电商系统下订单业务会更复杂，我们这里的业务流程只是为了引出Spring Cloud基本架构，请读者悉知。

通过业务流程的分析，我们可以看出订单系统要与库存系统、仓储系统和积分系统进行通信，那么它们之间是如何通信的呢？这就要说到Spring Cloud中的服务注册中心Eureka了。

其实每个系统在启动的时候首先是要向注册中心注册自己的信息，包含但不限于每个系统的IP地址和端口号，如图2.12所示。

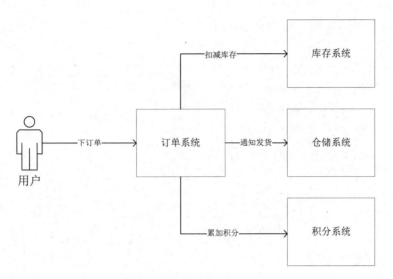

图2.11　订单系统业务流程

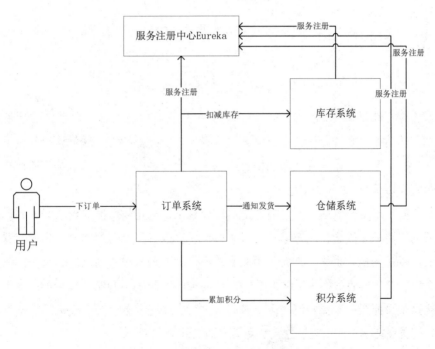

图2.12　订单系统引入服务注册中心

有了注册中心后，当订单系统想要去调用其他系统的时候，就可以从注册中心中拉取到相关系统的IP地址等注册表信息，这样就可以进行通信了。

那么下一个问题，获取到注册表信息之后，订单系统是如何与其他系统进行通信的呢？其实Spring Cloud已经内置了一个RPC框架Feign，订单系统就是通过Feign与其他系统进行HTTP通信的，如图2.13所示。

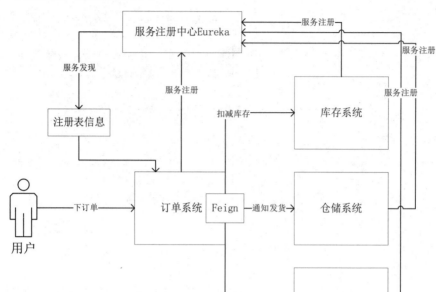

图2.13　订单系统引入RPC框架Feign

如果库存系统部署了两台服务器，订单系统从注册中心发现库存系统的地址就是两个，那么在通信的时候是如何选择与哪一台服务器进行通信的呢？这就要说到负载均衡器Ribbon了，订单系统在拉取到注册表信息后，其实会经过Ribbon进行负载均衡计算，决定本次请求的确切目标，如图2.14所示。

现在我们再来看一下用户下订单这个请求，这个请求是如何发送到微服务系统的呢？首先我们要厘清一个概念，用户除了下订单的请求，也可能有别的请求，比如查看自己的积分就要直接访问积分系统，查看某个商品的库存就要查看库存系统，那么假如我们的系统是一个前后端分离的系统，呈现给用户的界面可能就是Nginx负载均衡后的前端页面服务器，那么这个页面服务器要如何与多个微服务进行交互呢？难道要直接记录下所有的微服务地址，配置在前端页面中吗？这显然是不合适的。

Spring Cloud在处理这个问题的时候引入了网关的组件，网关可以从服务注册中心感知到所有微服务系统的注册表信息，所以用户的请求直接访问网关，通过网关路由到真实的微服务地址就可以了。Spring Cloud旧版中使用的网关是Zuul，现在一般使用Spring Cloud Gateway来代替，如图2.15所示。

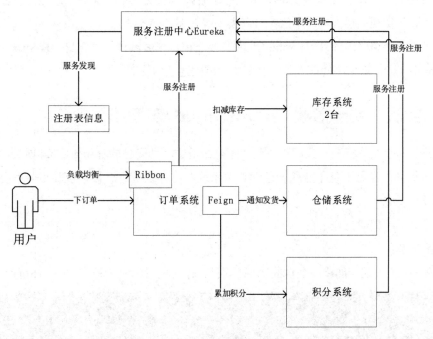

图2.14　订单系统引入负载均衡Ribbon

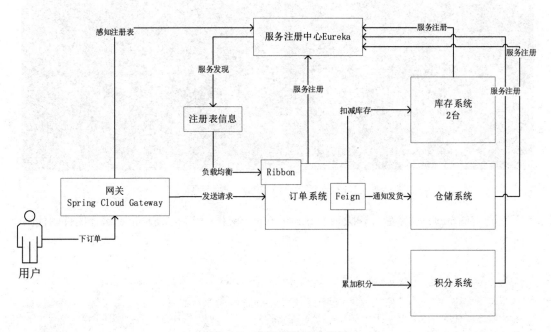

图2.15　订单系统引入网关

其实网关不仅仅有路由转发的功能，它还能做到灰度发布、统一权限验证、流量限制等，具体如何实现，感兴趣的小伙伴可以去了解一下。

除了本节介绍的组件外，Spring Cloud其实还包含很多其他组件，比如Hystrix、链路追踪、Stream等，但最核心的组件就是本节中介绍的这些内容。

2.2.3 实战：动手搭建 Spring Cloud 电商项目

本节是一个实战章节，我们将一起从零开始搭建一套简易的Spring Cloud项目。场景就是2.2.2节提到的简易下订单流程，包含订单系统、库存系统、仓储系统和积分系统。是不是迫不及待了呢？

好了，那我们现在开始吧。

1. 创建父工程

首先我们使用idea创建一个空的Maven项目，作为项目的父工程，如图2.16所示。

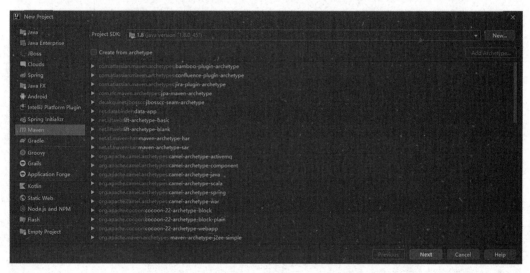

图2.16　创建Spring Cloud项目父工程

创建空的Maven项目后，删除src目录，并在pom文件中手动添加maven编译插件，代码如下。

```
<?xml version="1.0" encoding="UTF-8"?>
<project xmlns="http://maven.apache.org/POM/4.0.0"
        xmlns:xsi="http://www.w3.org/2001/XMLSchema-instance"
        xsi:schemaLocation="http://maven.apache.org/POM/4.0.0
http://maven.apache.org/xsd/maven-4.0.0.xsd">
    <modelVersion>4.0.0</modelVersion>
```

```xml
<groupId>com.huc</groupId>
<artifactId>simple-electricity-chapter2.2.3</artifactId>
<version>1.0-SNAPSHOT</version>
<build>
    <plugins>
        <plugin>
            <!-- 指定maven编译的JDK版本 -->
            <groupId>org.apache.maven.plugins</groupId>
            <artifactId>maven-compiler-plugin</artifactId>
            <configuration>
                <!-- 源代码使用的JDK版本 -->
                <source>1.8</source>
                <!-- 需要生成的目标class文件的编译版本 -->
                <target>1.8</target>
                <!-- 字符集编码 -->
                <encoding>UTF-8</encoding>
                <!-- 跳过测试 -->
                <skip>true</skip>
            </configuration>
        </plugin>
    </plugins>
</build>
</project>
```

2. 创建注册中心

　　接下来我们需要去创建一个注册中心，注册中心选择的是Eureka，而且这个注册中心的项目是父工程的一个子模块，所以先选择Project Structure，如图2.17所示。

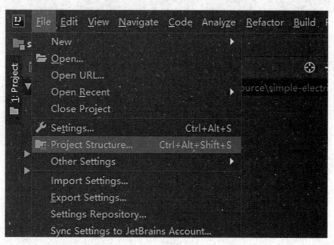

图2.17　创建注册中心步骤1

然后选择New Module来创建一个新的模块，如图2.18所示。

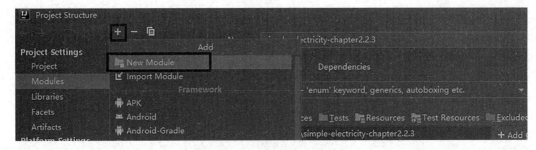

图2.18 创建注册中心步骤2

这里创建一个新的Spring Boot项目，过程不再详细演示，要注意的是在选择组件的时候，可以直接选择Eureka组件，如图2.19所示。

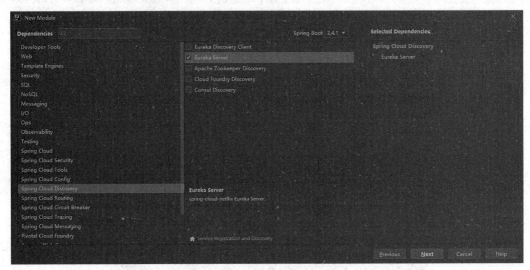

图2.19 创建注册中心步骤3

项目创建完成后，需要在父工程的pom中增加如下代码，把子模块添加到父工程中。

```xml
<modules>
    <module>eureka-server</module>
</modules>
```

同时在pom文件中指定项目的父工程。

```xml
<parent>
    <groupId>com.huc</groupId>
    <artifactId>simple-electricity-chapter2.2.3</artifactId>
    <version>1.0-SNAPSHOT</version>
</parent>
```

并在Eureka项目中添加必要的application.yml配置文件，内容如下。

```
server:
  port: 9900

eureka:
  instance:
    hostname: localhost
  client:
    #声明是否将自己的信息注册到Eureka服务器上
    registerWithEureka: false
    #是否到Eureka服务器中抓取注册信息
    fetchRegistry: false
    serviceUrl:
      # 设置与Eureka Server交互的地址
      defaultZone: http://${eureka.instance.hostname}:${server.
port}/eureka/
```

到这里Eureka注册中心的基本配置已经完成了，我们在项目的启动入口上添加@Enable-EurekaServer注解，开启Eureka服务，启动项目就可以了。通过http://localhost:9900/在浏览器上就可以访问Eureka Server了，如图2.20所示。

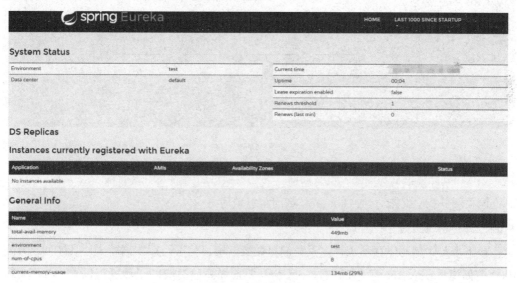

图2.20　通过浏览器访问Eureka Server

3. 创建网关

接下来开始搭建网关，网关选择Spring Cloud Gateway，具体操作步骤和创建Eureka时类似，主要的不同是在选择组件的时候，我们要选择好Spring Cloud Gateway组件，如图2.21所示。

项目创建完毕后，在pom文件中引入如下代码。

```
<!-- eureka客户端 -->
<dependency>
    <groupId>org.springframework.cloud</groupId>
    <artifactId>spring-cloud-starter-netflix-eureka-client</artifactId>
</dependency>
<!-- 负载均衡 -->
<dependency>
    <groupId>org.springframework.cloud</groupId>
    <artifactId>spring-cloud-starter-netflix-ribbon</artifactId>
</dependency>
```

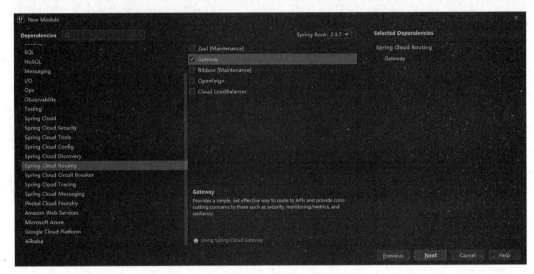

图2.21　创建网关

引入Eureka客户端和Ribbon负载均衡，为之后项目之间的调用做准备。

网关部分我们就先写到这里，具体如何配置稍后再说。

4. 创建库存系统服务

接下来开始创建库存系统，这里我们只做演示用，就不连接数据库了，具体创建方式和之前创建Spring Boot项目的方式一致，只要选择一些对应的组件就可以了，如图2.22所示。

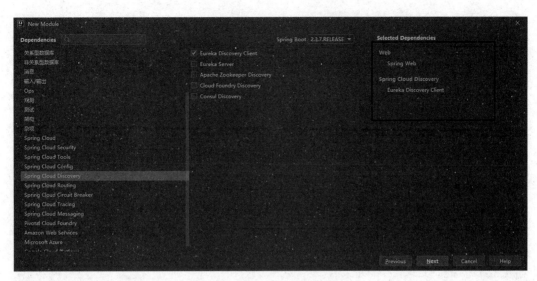

图2.22　创建库存系统

创建系统后依然是配置pom文件的对应关系，这里不再赘述。

我们创建一个测试用的Service，模仿扣减库存的操作，具体代码实现如下。

```
package com.huc.inventory;

import org.springframework.stereotype.Service;

/**
 * @author liumeng
 */
@Service
public class InventoryService {

    public String deductStock(Long productId,Long stock) {
        System.out.println("对商品【productId=" + productId + "】
扣减库存: " + stock);
        return "{'msg': 'success'}";
    }
}
```

然后在启动类上增加@EnableEurekaClient注解，用来和注册中心进行通信，并修改application.yml配置文件，内容如下。

```
spring:
  application:
    name: inventory
```

```
server:
  port: 8081
eureka:
  instance:
    hostname: localhost
  client:
    serviceUrl:
      defaultZone: http://localhost:9900/eureka
```

接下来我们启动库存系统服务，可以在Eureka注册中心中看到刚刚启动的服务，如图
2.23所示。

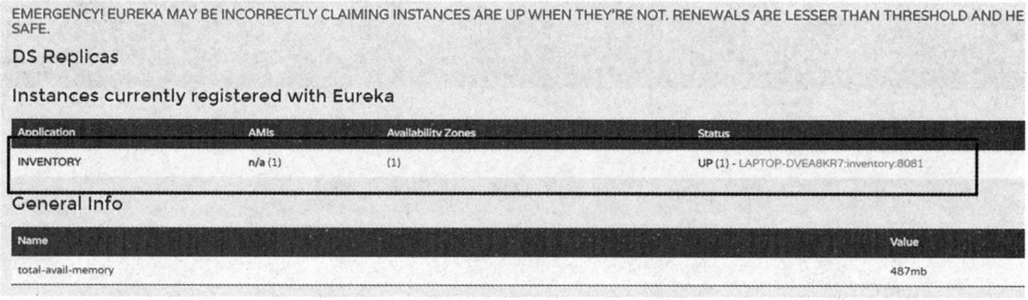

EMERGENCY! EUREKA MAY BE INCORRECTLY CLAIMING INSTANCES ARE UP WHEN THEY'RE NOT. RENEWALS ARE LESSER THAN THRESHOLD AND HE
SAFE.

DS Replicas

Instances currently registered with Eureka

Application	AMIs	Availability Zones	Status
INVENTORY	n/a (1)	(1)	UP (1) - LAPTOP-DVEA8KR7:inventory:8081

General Info

Name	Value
total-avail-memory	487mb

图2.23　查看新注册的库存系统服务

5. 创建库存系统API

我们知道Spring Cloud服务之间一般是通过RPC框架来访问的，而RPC框架一般会通过
API接口调用真实的服务，所以需要创建一个库存系统的API接口，提供给其他接口访问。

API项目创建比较简单，我们只需要创建一个普通的Maven项目就可以了，然后编写一
个API接口，内容如下。

```java
package com.huc.inventory;

import org.springframework.web.bind.annotation.PathVariable;
import org.springframework.web.bind.annotation.RequestMapping;
import org.springframework.web.bind.annotation.RequestMethod;

/**
 * @author liumeng
 */
@RequestMapping("/inventory")
public interface InventoryApi {

    @RequestMapping(value = "/deduct/{productId}/{stock}", method
= RequestMethod.PUT)
```

```
String deductStock(
            @PathVariable("productId") Long productId,
            @PathVariable("stock") Long stock);
}
```

然后库存系统的服务要实现这个API接口，这样库存系统就算创建完成了。当然pom文件的依赖关系需要调整，具体调整内容不再说明。

6. 创建订单系统

接下来我们创建订单系统，这里假设订单系统为用户的直接访问入口，订单系统通过RPC框架与注册中心成功访问到库存系统就算是项目搭建完成，至于仓储系统和积分系统，实际上与库存系统是一回事，这里就不做演示了。

订单系统的创建也是一回事，只要选择对应的组件就可以了，如图2.24所示。

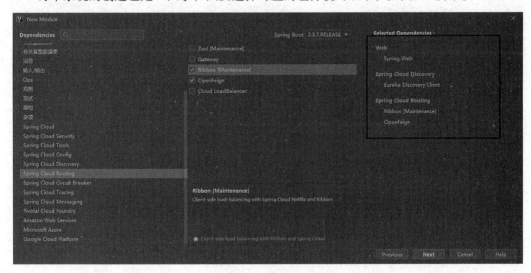

图2.24　创建订单系统

然后在订单系统里增加一个接口，继承自库存系统的API，并增加OpenFeign的注解，具体代码如下。

```
package com.huc.order;

import com.huc.inventory.InventoryApi;
import org.springframework.cloud.openfeign.FeignClient;

/**
 * @author liumeng
 */
```

```
@FeignClient(value = "inventory")
public interface InventoryService extends InventoryApi {

}
```

接下来创建一个测试用的Controller，模拟用户的下订单请求，并通过OpenFeign远程调用库存系统，具体代码如下。

```java
package com.huc.order;

import org.springframework.beans.factory.annotation.Autowired;
import org.springframework.web.bind.annotation.RequestMapping;
import org.springframework.web.bind.annotation.RequestMethod;
import org.springframework.web.bind.annotation.RequestParam;
import org.springframework.web.bind.annotation.RestController;

@RestController
@RequestMapping("/order")
public class OrderController {

    @Autowired
    private InventoryService inventoryService;

    @RequestMapping(value = "/create", method = RequestMethod.GET)
    public String greeting(
            @RequestParam("productId") Long productId,
            @RequestParam("userId") Long userId,
            @RequestParam("count") Long count,
            @RequestParam("totalPrice") Long totalPrice) {
        System.out.println("创建订单");
        inventoryService.deductStock(productId, count);
        return "success";
    }
}
```

在启动类上增加@EnableEurekaClient和@EnableFeignClients注解，连接注册中心，开启OpenFeign，并修改application.yml配置文件，代码如下。

```yaml
server:
  port: 8082

spring:
```

```
application:
  name: order-service

eureka:
  instance:
    hostname: localhost
  client:
    serviceUrl:
      defaultZone: http://localhost:9900/eureka
```

然后我们启动订单系统，测试发现接口可以调用成功。

7. 测试多实例负载均衡

现在我们启动一台库存服务的时候，已经可以成功地调用了，如果启动多台实例，是什么情况呢？接下来就通过修改端口号的方式，新启动一台库存服务的实例，如图2.25所示。

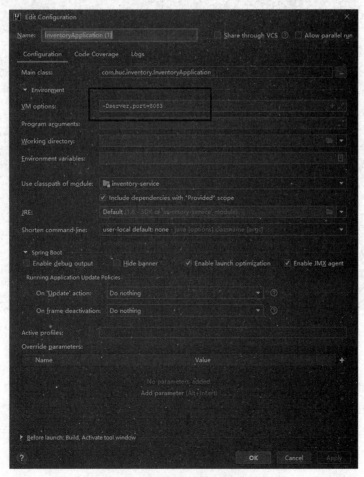

图2.25　配置新的库存服务实例

31

然后我们启动它，去Eureka中查看一下情况，如图2.26所示。

Application	AMIs	Availability Zones	Status
INVENTORY	n/a (2)	(2)	UP (2) - LAPTOP-DVEA8KR7:inventory:8083 , LAPTOP-DVEA8KR7:inventory:8081
ORDER-SERVICE	n/a (1)	(1)	UP (1) - LAPTOP-DVEA8KR7:order-service:8082

图2.26　Eureka注册中心情况

在注册中心中，我们可以看到启动的订单服务和两个库存服务实例，接下来再次通过订单系统测试接口，发现已经实现了轮询的负载均衡机制，如图2.27所示。

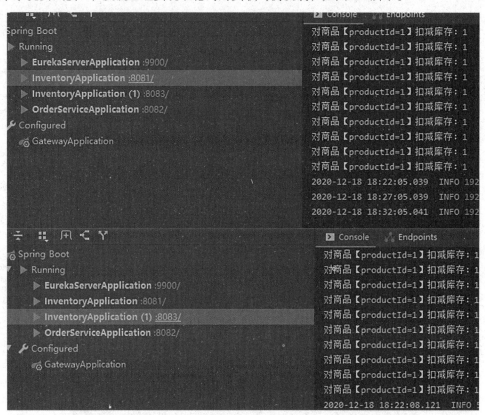

图2.27　多实例负载均衡测试

8. 配置网关

到目前为止，我们的项目似乎就搭建完成了，但好像缺了点什么。

没错，我们还没有配置网关，实际生产环境中，订单系统也可能是多个实例的，那么用户通过前端页面是如何负载均衡地选择访问哪一台订单系统服务器的呢？这就和网关相关了。

网关的项目之前已经搭建好了，只需要增加application.yml配置文件，代码如下。

```
spring:
  application:
    name: gateway
  cloud:
    gateway:
      routes:
          # 多个服务就配置多个映射
        - id: order-service
          uri: lb://order-service
          predicates:
            - Path=/order/**
    loadbalancer:
      ribbon:
        enabled: true
eureka:
  client:
    serviceUrl:
      defaultZone: http://localhost:9900/eureka/
```

同时在启动类上增加@EnableEurekaClient注解就可以了。

我们通过网关的地址http://localhost:8080/order/create?productId=1&userId=1&count=1&totalPrice=0来访问订单系统，发现是可以成功访问的。

到这里Spring Cloud骨架就基本搭建完成了，是不是觉得也没有想象中的那样复杂？详细代码可参照随书源码。

2.3　小结

本章重点在于实战，相信读者对Spring Boot和Spring Cloud都有所耳闻，但可能由于工作环境等原因没有实际地使用过，或者没有实际地从零搭建过。所以笔者与读者一起一步一步地从零搭建项目，让其对搭建的整个流程有一个更清晰的认识，同时也为我们后续的实战内容做一个铺垫。

另外再提一点，目前Spring Cloud Alibaba越来越火，很多新的项目会采用它来搭建系统的架构，感兴趣的小伙伴可以先行了解一下。

再给大家留下一个思考题，假如你是公司的架构师，你觉得现有的系统需要使用Spring Cloud微服务技术吗？

第 3 章

容器技术简介

本章向读者介绍当下比较流行的容器技术，即Docker与Kubernetes技术，扩充读者的技术广度，理解容器技术给我们带来的好处。

本章主要涉及的知识点如下。

- Docker的常用命令。
- Docker打包Spring Boot项目。
- Kubernetes简介。
- Kubernetes部署Spring Boot项目。

注意：本章内容为技术广度扩展，不会太深入地讲解原理。

3.1　Docker简介

Docker现在如日中天，它不仅仅只是一个概念，而是能够确确实实地解决一些实际工作中开发和运维的难题。本节我们一起了解一下Docker是什么，它到底能帮助我们解决什么问题。

3.1.1　什么是 Docker

对于Docker的概念介绍，我们不用过于纠结，百度百科写的很明确。

Docker 是一个开源的应用容器引擎，让开发者可以打包它们的应用及依赖包到一个可移植的镜像中，然后发布到任何流行的 Linux 或Windows 机器上，也可以实现虚拟化。容器是完全使用沙箱机制，相互之间不会有任何接口。

我们重点来关注一下Docker能够解决什么问题。

总的来说，Docker主要解决了三个问题：简化了环境的管理、提供了轻量级的虚拟化、更好地支持程序可移植性。

1. 简化环境管理

说到环境管理，我们可以回忆一下自己做过的项目，一般情况下都分为开发环境、测试环境、生产环境。有时我们在开发环境开发完成，交给测试环境可能会出现奇奇怪怪的问题，不能正常运行，生产环境也是同样的道理。如果能保证各个环境的统一，就会避免这些问题。Docker就可以解决这个问题，一键安装数据库、Nginx等环境，实现环境的统一与安装的简化。

2. 轻量级的虚拟化

说到虚拟化，读者第一时间想到的可能就是虚拟机了，笔者也是经常使用VMWare虚拟机。使用过虚拟机的小伙伴一定知道，虚拟机会虚拟出一整个的操作系统运行环境，依赖的是虚拟硬件，我们实际上就是在使用一个虚拟化的操作系统。而Docker相比于虚拟机来说就不太一样了，Docker的容器实际上依赖的是我们操作系统中的一个进程，虽然每个容器相互独立，但又同时共享着我们的操作系统资源，相比于虚拟机它更加轻量级。

3. 程序可移植性

有了上述两个特点，对于程序的移植自然是更加容易了，我们甚至可以把代码打包到一个Docker镜像中，在任意支持Docker的环境中使用我们的代码。是不是想起了Java虚拟机？

3.1.2 动手安装 Docker 环境

本节我们来一起搭建一下Docker的环境。

首先说明一下，笔者这里使用的是VMWare虚拟机，在虚拟机中搭建了一个CentOS 7系统，我们主要介绍在CentOS 7中安装Docker的步骤，而其他操作系统的安装操作，读者可以去官网了解。

1. 脚本安装（强烈推荐）

首先给大家介绍通过脚本安装的方式，这种方式适用于Ubuntu、Debian、Centos等大部分Linux，傻瓜式一键安装，强烈推荐，命令如下。

```
curl -sSL https://get.daocloud.io/docker | sh
```

2. 手动安装

手动安装的流程参考官方文档，不多做介绍，按照以下步骤安装即可。

（1）卸载旧版本。

```
$ sudo yum remove docker \
                docker-client \
                docker-client-latest \
                docker-common \
                docker-latest \
                docker-latest-logrotate \
                docker-logrotate \
                docker-engine
```

（2）设置阿里镜像源。

```
$ sudo yum install -y yum-utils \
  device-mapper-persistent-data \
  lvm2
$ sudo yum-config-manager \
    --add-repo \
    http://mirrors.aliyun.com/docker-ce/linux/centos/docker-ce.repo
```

（3）安装 Docker Engine-Community和 containerd。

```
$ sudo yum install docker-ce docker-ce-cli containerd.io
```

（4）启动 Docker。

```
$ sudo systemctl start docker
```

到这里，Docker环境就安装完成了。

3.1.3 Docker 镜像常用命令

Docker镜像是Docker的核心组件之一，镜像是容器运行的基础，一般情况下假如我们想要安装一个Nginx的环境，那么第一步就是去获得Nginx的镜像。

那么如何查找想要的镜像呢？这就是我们要说的第一个命令，即查询镜像的命令。

```
docker search nginx
```

使用命令后，可以列举出查询到的Nginx镜像，如图3.1所示。

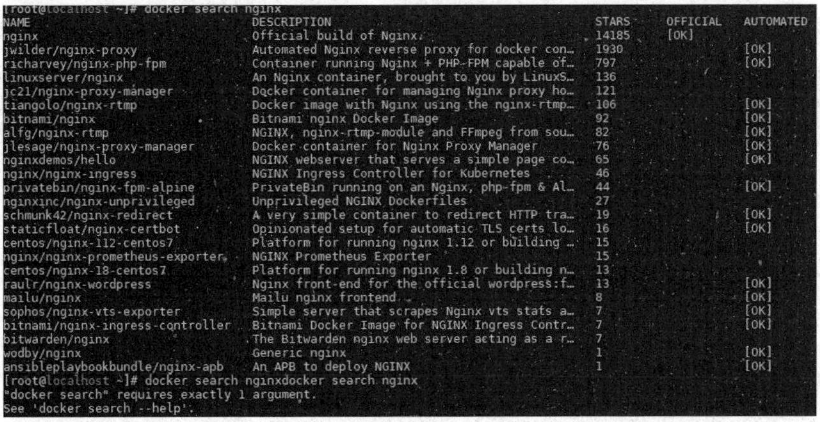
```
[root@localhost ~]# docker search nginx
NAME                               DESCRIPTION                                     STARS   OFFICIAL   AUTOMATED
nginx                              Official build of Nginx.                        14185   [OK]
jwilder/nginx-proxy                Automated Nginx reverse proxy for docker con…   1930               [OK]
richarvey/nginx-php-fpm            Container running Nginx + PHP-FPM capable of…   797                [OK]
linuxserver/nginx                  An Nginx container, brought to you by LinuxS…   136
jc21/nginx-proxy-manager           Docker container for managing Nginx proxy ho…   121
tiangolo/nginx-rtmp                Docker image with Nginx using the nginx-rtmp…   106                [OK]
bitnami/nginx                      Bitnami nginx Docker Image                      92                 [OK]
alfg/nginx-rtmp                    NGINX, nginx-rtmp-module and FFmpeg from sou…   82                 [OK]
jlesage/nginx-proxy-manager        Docker container for Nginx Proxy Manager        76                 [OK]
nginxdemos/hello                   NGINX webserver that serves a simple page co…   65                 [OK]
nginx/nginx-ingress                NGINX Ingress Controller for Kubernetes         46
privatebin/nginx-fpm-alpine        PrivateBin running on an Nginx, php-fpm & Al…   44                 [OK]
nginxinc/nginx-unprivileged        Unprivileged NGINX Dockerfiles                  27
schmunk42/nginx-redirect           A very simple container to redirect HTTP tra…   19                 [OK]
staticfloat/nginx-certbot          Opinionated setup for automatic TLS certs lo…   16                 [OK]
centos/nginx-112-centos7           Platform for running nginx 1.12 or building …   15
nginx/nginx-prometheus-exporter    NGINX Prometheus Exporter                       15
centos/nginx-18-centos7            Platform for running nginx 1.8 or building n…   13
raulr/nginx-wordpress              Nginx front-end for the official wordpress:f…   13                 [OK]
mailu/nginx                        Mailu nginx frontend                            8                  [OK]
sophos/nginx-vts-exporter          Simple server that scrapes Nginx vts stats a…   7                  [OK]
bitnami/nginx-ingress-controller   Bitnami Docker Image for NGINX Ingress Contr…   7                  [OK]
bitwarden/nginx                    The Bitwarden nginx web server acting as a r…   7
wodby/nginx                        Generic nginx                                   1                  [OK]
ansibleplaybookbundle/nginx-apb    An APB to deploy NGINX                          1                  [OK]
[root@localhost ~]# docker search nginxdocker search nginx
"docker search" requires exactly 1 argument.
See 'docker search --help'.
```

图3.1　查询镜像命令

各个选项说明如下。

- NAME：镜像仓库源的名称。
- DESCRIPTION：镜像的描述。
- OFFICIAL：是否 Docker 官方发布。
- STARS：类似 Github 里面的 star，表示点赞、喜欢的意思。
- AUTOMATED：自动构建。

从图3.1中我们可以看到，第一个镜像就是官方创建的Ngnix镜像，所以接下来就是拉取这个Nginx镜像，使用如下命令。

```
docker pull nginx
```

使用命令后可以看到拉取镜像的情况，如图3.2所示。

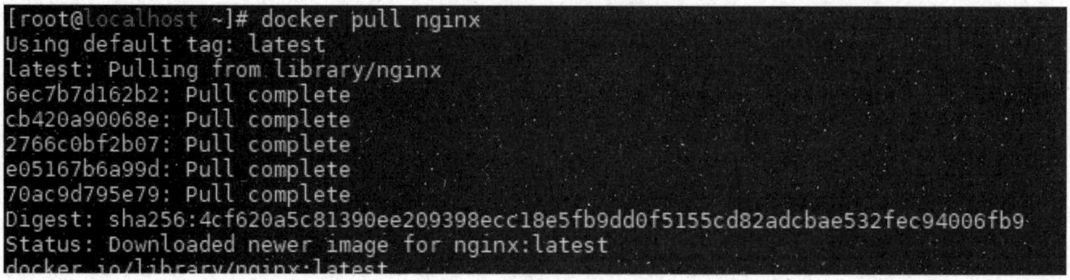

```
[root@localhost ~]# docker pull nginx
Using default tag: latest
latest: Pulling from library/nginx
6ec7b7d162b2: Pull complete
cb420a90068e: Pull complete
2766c0bf2b07: Pull complete
e05167b6a99d: Pull complete
70ac9d795e79: Pull complete
Digest: sha256:4cf620a5c81390ee209398ecc18e5fb9dd0f5155cd82adcbae532fec94006fb9
Status: Downloaded newer image for nginx:latest
docker.io/library/nginx:latest
```

图3.2　拉取镜像命令

那么拉取到的镜像如何查看呢？这时就轮到查看本地镜像的命令出场了，如下所示。

```
docker images
```

查看到的镜像如图3.3所示。

```
[root@localhost ~]# docker images
REPOSITORY          TAG          IMAGE ID       CREATED        SIZE
nginx               latest       ae2feff98a0c   2 days ago     133MB
beginor/gitlab-ce   11.0.1-ce.0  e76a6ec6e22e   2 years ago    1.61GB
```

图3.3　列举本地镜像命令

各个选项说明如下。

- REPOSITORY：表示镜像的仓库源。
- TAG：镜像的标签。
- IMAGE ID：镜像ID。
- CREATED：镜像创建时间。

- SIZE：镜像大小。

另外如果镜像拉取错了，或者有其他替代品，我们要删除镜像，可以用如下命令。

```
docker rmi nginx/image id
```

删除情况如图3.4所示。

```
[root@localhost ~]# docker rmi ae2feff98a0c
Untagged: nginx:latest
Untagged: nginx@sha256:4cf620a5c81390ee209398ecc18e5fb9dd0f5155cd82adcbae532fec94006fb
Deleted: sha256:ae2feff98a0cc5095d97c6c283dcd33090770c76d63877caa99aefbbe4343bdd
Deleted: sha256:782ae030602867e568a53a99643844e8b06702a851c4b0a09c817deae2520b28
Deleted: sha256:8b5b86a154fd4e4098f3f55cd5b71204560cef2e9f50e18e84ada5cb8fb3ae03
Deleted: sha256:528e7c6bece2def770f60aa8722648031a17de5e2df10e776acf955ef8ec90d0
Deleted: sha256:ffb8d6c7eb6938709ca6d1f39f58971cccc5f10372ec3e37e72c7cbc065bbfb57
Deleted: sha256:87c8a1d8f54f3aa4e05569e8919397b65056aa71cdf48b7f061432c98475eee9
```

图3.4　删除镜像命令

除了以上常用的命令外，有时我们需要对镜像进行导出/导入操作，以进行容器的备份或迁移。

我们直接使用如下命令即可。

```
docker save -o nginx.tar nginx:latest
```

执行命令后会把nginx:latest镜像导出到当前目录的nginx.tar中。

导入的时候使用如下命令即可。

```
docker load -i nginx.tar
```

关于镜像的命令，其实用到最多的就是这几个了，感兴趣的小伙伴可以自行了解一下其他相关命令，这里就不详细介绍了。

3.1.4　Docker 容器常用命令

Docker容器同样是Docker的核心组件之一，我们运行的各种环境在Docker中都称为容器，用最简单的语言来解释，镜像就像是安装系统的系统光盘，容器就相当于通过系统光盘安装后的操作系统。

首先给大家介绍的命令是查看当前运行容器的命令，如下所示。

```
docker ps [-a]
```

如果带上-a代表的就是查看所有的容器，如图3.5所示。

```
[root@localhost ~]# docker ps
CONTAINER ID   IMAGE                          COMMAND               CREATED      STATUS                  PORTS                                                 NAMES
f6436d02a2df   beginor/gitlab-ce:11.0.1-ce.0  "/assets/wrapper"     3 days ago   Up 6 hours (healthy)    22/tcp, 0.0.0.0:8090->80/tcp, 0.0.0.0:8443->443/tcp   gitlab
[root@localhost ~]# docker ps -a
CONTAINER ID   IMAGE                          COMMAND               CREATED      STATUS                  PORTS                                                 NAMES
f6436d02a2df   beginor/gitlab-ce:11.0.1-ce.0  "/assets/wrapper"     3 days ago   Up 6 hours (healthy)    22/tcp, 0.0.0.0:8090->80/tcp, 0.0.0.0:8443->443/tcp   gitlab
```

图3.5　查看容器命令

可以看到，目前我们只有一个gitlab的容器，且正在运行，新拉取的Nginx镜像并没有运行，那么接下来就通过Nginx的镜像来构建一下容器，使用如下命令。

```
docker run --name nginx-test -p 8080:80 -d nginx
```

运行效果如图3.6所示。

```
[root@localhost ~]# docker run --name nginx-test -p 8080:80 -d nginx
a4ad500788510941fd96233ce5f9e9f1cd6c31f37a612e7db8f0444f2079081a
```

图3.6　通过镜像运行容器命令

这时我们再通过docker ps查看一下当前运行的容器，就可以看到新运行的Nginx容器了。

然后通过虚拟机的IP地址和8080端口号访问，就可以看到Nginx的页面了。那么为什么端口是8080呢？这就要说到run命令的参数了。

上面运行nginx容器的时候，我们使用了-p 8080:80，意思就是把虚拟机的8080端口映射为容器的80端口，所以我们访问8080端口的时候其实就是访问的Nginx的80端口。

run命令的参数我们平时还是比较常用的，下面介绍一下run命令的常用参数。

- -d：后台运行容器，并返回容器ID。
- -P：随机端口映射，容器内部端口随机映射到主机的端口。
- -p：指定端口映射，格式为主机（宿主）端口：容器端口。
- --name="nginx-test"：为容器指定一个名称。
- -v /data：/data 主机的目录/data 映射到容器的目录/data。

除了运行容器外，有时我们需要进入容器内部进行一些操作，这时一般使用如下命令。

```
docker exec -it a4ad50078851 /bin/bash
```

a4ad50078851为容器的ID，使用容器的name同样也可以实现进入容器的操作。使用exit命令可以退出容器。

除了上述命令外，我们当然要知道如何停止容器了，停止容器的命令如下。

```
docker stop <容器 ID>
```

重启容器的命令如下。

```
docker restart <容器 ID>
```

启动容器的命令如下。

```
docker start <容器 ID>
```

如果容器没有用了，想要删除，可以通过下面的命令删除容器。

```
docker rm -f <容器 ID>
```

这些常用操作我们就不分别用图片展示了。

下面要着重演示一下容器的导出和导入。

1. 导出容器

如果要导出本地某个容器，可以使用 docker export 命令。

```
docker export <容器 ID> > nginx.tar
```

执行后会在当前目录下生成nginx.tar文件，如图3.7所示。

```
[root@localhost home]# docker export a4ad50078851 > nginx.tar
[root@localhost home]# ll
total 132232
drwxr-xr-x. 5 root root         40 Dec 15 10:51 gitlab
-rw-r--r--. 1 root root 135405056 Dec 18 21:31 nginx.tar
```

图3.7　导出容器命令

2. 导入容器

当我们有了导出后的文件，如何导入容器中呢？可以使用 docker import 从容器快照文件中再导入为镜像，命令如下。

```
cat ./nginx.tar | docker import - test/nginx:v1
```

导入后效果如图3.8所示。

由图3.8可以看到，我们已经成功地把容器导入为一个新的镜像，那么接下来是不是通过新的镜像运行容器就可以了呢？

```
[root@localhost home]# cat ./nginx.tar | docker import - test/nginx:v1
sha256:583220adb574179744a6ecadca011adc7391cdf0961d6838be2548809047e2c4
[root@localhost home]# docker images
REPOSITORY        TAG          IMAGE ID        CREATED          SIZE
test/nginx        v1           583220adb574    10 seconds ago   131MB
nginx             latest       ae2feff98a0c    2 days ago       133MB
beginor/gitlab-ce 11.0.1-ce.0  e76a6ec6e22e    2 years ago      1.61GB
[root@localhost home]#
```

图3.8　导入容器命令

如果你这么认为，那就大错特错了，因为我们是通过容器导出的镜像，这种方式在使用run命令运行时需要在命令的最后加上容器运行时的command，否则会报docker: Error response from daemon: No command specified.这个错误。

我们可以在原来的机器上通过 docker ps --no-trunc查看到完整的command，在使用run命令启动容器时将其追加到后边就可以了。

导出容器除了以上介绍的方法外，还可以通过下面的命令将当前容器的状态保存成新的镜像，然后通过导出导入镜像的方式进行。

```
docker commit 容器id 新的镜像名:tag
```

关于容器的常用命令本节就介绍到这里。

3.1.5　Dockerfile 介绍

Dockerfile 是一个用来构建镜像的文本文件，文本内容包含了一条条构建镜像所需的指令和说明。

如何通过Dockerfile创建一个镜像呢？只需要两步。

（1）创建Dockerfile文件，文件名就是Dockerfile。

（2）使用如下命令构建镜像。

```
docker build Dockerfile所在路径 -t 镜像名称[:tag]
```

所以，如何编写Dockerfile文件中的内容就是构建镜像的关键，接下来我们对Dockerfile的常用指令做一个介绍，如果记不住也没有关系，下一节会通过实战让大家理解Dockerfile。

1. FROM

```
格式：FROM 镜像名称[:tag]
例如：FROM nginx
```

FROM指令一般位于Dockerfile文件的第一行，用于指定基准镜像，为后续指令指定运行时环境，所以我们要理解到一点，构建镜像是要以现有的镜像为基础的。

2. MAINTAINER

```
格式：MAINTAINER 作者信息
例如：MAINTAINER "HUC王子"
```

提供作者信息，此指令位置不限，但推荐放置在FROM之后。

3. LABLE

```
格式：LABLE key1=value1 key2=value2
例如：LABLE author=HUC王子
```

其为镜像指定标签，会继承基础镜像的LABLE，如果key相同，则覆盖。可替代MAIN-TANIER使用。

4. RUN

```
格式：RUN 指令1 [&& 指令2]
例如：RUN mkdir -p /usr &&  echo 'this is file' > /usr/huc.html
```

指定要运行并捕获到新容器镜像中的命令，包括安装文件、创建文件等，在容器创建过程中执行。

5. COPY

```
格式：COPY    <src>    <dest>
例如：COPY ./test.html /usr/html
```

将宿主机的文件或目录拷贝到容器的文件系统中，须相对于Dockerfile的路径。

这里有必要介绍一下文件复制的一些规则。

- <src>必须是相对路径。
- <src>是目录的话，则内部文件或子目录会递归复制，但是目录自身不会被复制。
- 如果指定多个src，则dest必须是一个目录，且必须以"/"结尾。
- 目标路径如果不存在，会自动创建。

6. ADD

```
格式：ADD <source> <dest>
功能与COPY类似，还可以使用url规范从远程位置复制到容器中。
```

7. WORKDIR

```
格式：WORKDIR    路径
例如：WORKDIR    /usr/huc
```

用于设置一个工作目录，WORKDIR之后的指令都会基于设定的工作目录运行。

8. CMD

```
格式：CMD    <command>
     CMD    ['<executable>','<param1>','<param2>']
```

语法跟RUN一样，不过两者的运行时间不同。RUN指令运行于镜像创建过程中，而CMD指令运行于基于Dockerfile构建出的镜像启动一个容器时。

CMD指令的目的在于为启动的容器指定默认要运行的程序，且其运行结束后，容器也将终止，不过CMD指令可以被docker run的命令行参数所覆盖。Dockerfile中可以指定多个CMD命令，但只有最后一个才会生效。

```
格式：CMD    ['<param1>','<param2>']
```

其用于为ENTERPOINT指令提供默认参数。

9. ENTERPOINT

```
格式：ENTRYPOINT <command>
     ENTRYPOINT ['<executable>','<param1>','<param2>']
```

配置容器启动后执行的命令，并且不可被docker run提供的参数覆盖。每个Dockerfile中只能有一个ENTRYPOINT，当指定多个时，只有最后一个起效。如果有CMD，则CMD的命令被当作参数传递给ENTERPOINT。

docker run命令的--entrypoint选项的参数可以对Dockerfile中的ENTRYPOINT进行覆盖。

10. ENV

```
格式：ENV key1=value1 key2=value2
     ENV key value
```

用于为镜像定义所需的环境变量，并可被Dockerfile文件中位于其后的其他指令所调用。调用格式为${variable_name}或$variable_name。

11. ARG

```
格式：ARG key1=value1
```

构建参数，作用与ENV相同，不同的是ARG的参数只在构建镜像的时候起作用。

12. EXPOSE

```
格式：EXPOSE 端口1，端口2
例如：EXPOSE 80,8080
```

用来指定暴露的端口，要注意的是这只是一个标志，也就是告诉用户哪些端口会提供服务，并没有真正地实现映射，映射还需要在运行容器时指定。

13. VOLUME

格式：VOLUME　<路径>
　　　VOLUME　["<路径1>", "<路径2>"...]

用于在镜像中创建一个挂载点目录，以挂载Docker Host上的卷或其他容器上的卷，如果挂载点目录路径下此前的文件存在，docker run命令会在卷挂载完之后，将此前的所有文件复制到新挂载的卷中。

3.1.6　实战：Docker 打包 Spring Boot 项目

首先我们要准备一个Spring Boot的项目，用于打包使用，搭建过程不再说明。搭建后的关键代码如下。

```
package com.huc.docker;

import org.springframework.web.bind.annotation.GetMapping;
import org.springframework.web.bind.annotation.RestController;

/**
 * @author liumeng
 */
@RestController
public class HelloWorldController {
    @GetMapping("hello")
    public String helloWorld(){
        return "hello world!";
    }
}
```

就是返回一个"hello world!"的字符串，没有什么需要说明的。

接下来我们需要编写一个Dockerfile文件，打包项目主要的工作就是编写Dockerfile文件，我们编写的文件内容如下。

```
FROM  java:8
MAINTAINER "HUC王子"
VOLUME /tmp
ADD docker-0.0.1-SNAPSHOT.jar app.jar
ENTRYPOINT ["java","-jar","/app.jar"]
```

这里指令的具体含义可以参考3.1.5节，翻译成以java:8镜像为基础，指定作者为"HUC王子"，指定/tmp为挂载目录，重命名jar包为app.jar，执行java -jar app.jar。

有了Dockerfile文件，还需要把Spring Boot项目打包成jar包，这个就比较容易了，我们使用idea中maven插件中的package命令即可，如图3.9所示。

图3.9　Maven打包工程

之后我们通过MobaXterm把jar包和Dockerfile文件上传到虚拟机的home/dockerbuild目录下，如图3.10所示。

说明：MobaXterm是一个连接Linux系统的工具，笔者习惯使用它来连接Linux系统，相似的工具还有Xshell、SecureCRT等。

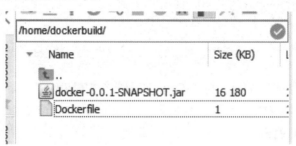

图3.10　上传jar包与Dockerfile

我们执行如下命令来构建镜像。

```
docker build -t huc:v1.0.
```

之后我们查看当前镜像，就可以看到刚刚创建的huc:v1.0了，并且还能看到基础镜像java:8，如图3.11所示。

```
[root@localhost dockerbuild]# docker images
REPOSITORY              TAG           IMAGE ID          CREATED            SIZE
huc                     v1.0          4f6f6efe3339      53 seconds ago     660MB
test/nginx              v1            583220adb574      24 hours ago       131MB
nginx                   latest        ae2feff98a0c      3 days ago         133MB
centos                  latest        300e315adb2f      11 days ago        209MB
beginor/gitlab-ce       11.0.1-ce.0   e76a6ec6e22e      2 years ago        1.61GB
java                    8             d23bdf5b1b1b      3 years ago        643MB
[root@localhost dockerbuild]#
```

图3.11 查询当前镜像

现在我们只需要通过镜像运行容器就可以了，执行如下命令。

```
docker run --name springBoot -p 8888:8080 -d huc:v1.0
```

然后通过浏览器访问http://<虚拟机IP>:8888/hello，即可成功访问到我们的Spring Boot项目。

以上就是我们通过手动的方式来构建Spring Boot镜像并运行的过程。

接下来给大家分享一下idea的docker插件，使用它可以更加方便地实现打包的过程，并且可以更加人性化地对Docker服务器进行管理。

首先我们在idea的File-Settings-Plugins中搜索Docker并安装，如图3.12所示。

图3.12 安装docker插件

然后我们在虚拟机中执行如下命令。

```
vi  /lib/systemd/system/docker.service
```

将文件中的 ExecStart部分修改为ExecStart=/usr/bin/dockerd -H tcp://0.0.0.0:2375 -H unix://var/run/docker.sock，目的是允许idea通过tcp的方式连接Docker，如图3.13所示。

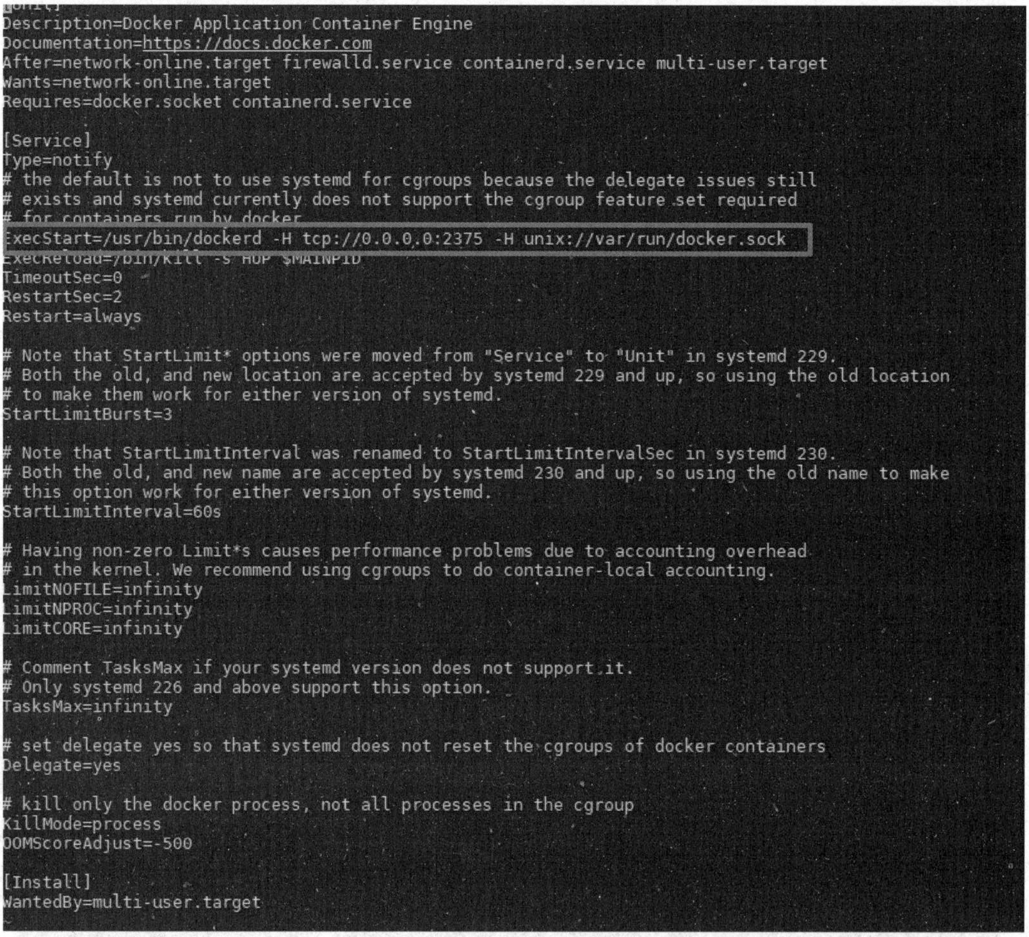

```
[Unit]
Description=Docker Application Container Engine
Documentation=https://docs.docker.com
After=network-online.target firewalld.service containerd.service multi-user.target
Wants=network-online.target
Requires=docker.socket containerd.service

[Service]
Type=notify
# the default is not to use systemd for cgroups because the delegate issues still
# exists and systemd currently does not support the cgroup feature set required
# for containers run by docker
ExecStart=/usr/bin/dockerd -H tcp://0.0.0.0:2375 -H unix://var/run/docker.sock
ExecReload=/bin/kill -s HUP $MAINPID
TimeoutSec=0
RestartSec=2
Restart=always

# Note that StartLimit* options were moved from "Service" to "Unit" in systemd 229.
# Both the old, and new location are accepted by systemd 229 and up, so using the old location
# to make them work for either version of systemd.
StartLimitBurst=3

# Note that StartLimitInterval was renamed to StartLimitIntervalSec in systemd 230.
# Both the old, and new name are accepted by systemd 230 and up, so using the old name to make
# this option work for either version of systemd.
StartLimitInterval=60s

# Having non-zero Limit*s causes performance problems due to accounting overhead
# in the kernel. We recommend using cgroups to do container-local accounting.
LimitNOFILE=infinity
LimitNPROC=infinity
LimitCORE=infinity

# Comment TasksMax if your systemd version does not support it.
# Only systemd 226 and above support this option.
TasksMax=infinity

# set delegate yes so that systemd does not reset the cgroups of docker containers
Delegate=yes

# kill only the docker process, not all processes in the cgroup
KillMode=process
OOMScoreAdjust=-500

[Install]
WantedBy=multi-user.target
```

图3.13　设置docker支持TCP协议

现在就可以在idea中配置IP地址端口号连接Docker了，如图3.14所示。

有关此插件的具体使用，本节就不做介绍了，它就是把命令行操作变成了可视化操作，让我们对Docker的情况更加了解，并且更容易地查看容器的运行日志，感兴趣的小伙伴可以自行探索。

说明：Docker的内容不仅仅有这些，还包括容器编排等重要内容，但由于不是本书重点内容，故不做更深的讲解，感兴趣的小伙伴可以自行了解。

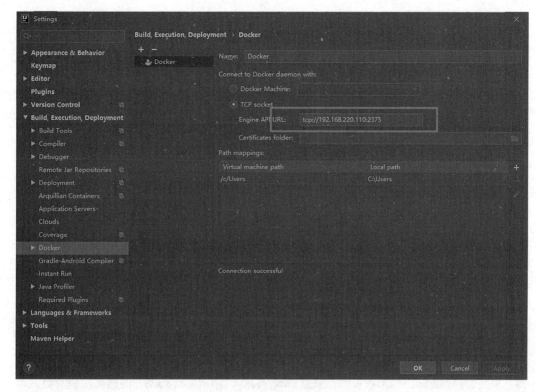

图3.14　idea连接Docker

3.2 Kubernetes简介

Kubernetes简称为k8s，是目前主流的容器编排部署工具，本节我们就来一起探索一下什么是k8s，揭开它的神秘面纱。

3.2.1 什么是 Kubernetes

前面我们已经了解了什么是Docker，并且实际运用Docker打包了Spring Boot项目，一切看起来都很美好，统一了运行环境，简化了部署过程，但我们是不是遗漏了什么？

假如放到真实的生产环境中，我们使用Docker部署，如何实现负载均衡、集群部署等复杂操作呢？之前我们好像没有考虑过这些，这就要说到容器编排了。

目前最具代表性的容器编排工具，当属 Docker 公司的 Compose+Swarm 组合，以及 Google 与 RedHat 公司共同主导的 Kubernetes 项目。

Kubernetes 来源于 Google 公司内部的Borg系统，项目架构类似，都由Master和Worker两种节点组成。

Master节点为控制节点，里面包含四个部分，分别是负责API服务的 kube-apiserver、负责调度的 kube-scheduler，以及负责容器编排的 kube-controller-manager。持久化数据被保存在Etcd中，如图3.15所示。

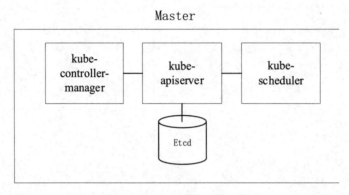

图3.15　Master节点架构图

Worker节点为工作节点，里面主要包含三部分，分别是kubelet，用于管理Pod及Pod容器，并定时向Master汇报节点资源信息；kube-proxy，用于实现Service的透明代理及负载均衡，外界访问内部容器就是通过它来访问的；Docker，运行容器。另外这里出现了一个新的名词Pod，Pod 是 Kubernetes 项目中最基础的一个对象，一个Pod代表集群上正在运行的一个进程，如图3.16所示。

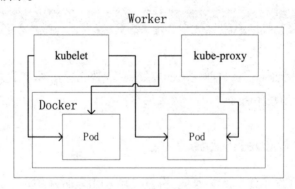

图3.16　Worker节点架构图

Kubernetes 项目所擅长的，是按照用户的意愿和整个系统的规则，完全自动化地处理好容器之间的各种关系。这种功能，就是所谓的容器编排。

所以，Kubernetes 项目的本质是为用户提供一个具有普遍意义的容器编排工具。

3.2.2　动手搭建 Kubernetes 集群

我们已经对Kubernetes有了一个初步的了解，那么本节就和大家一起动手实践，搭建出第一个Kubernetes集群。要说明的是，我们需要先安装Docker环境，本节不再介绍安装Docker的过程。

1. 安装kubeadm

kubeadm是Kubernetes的一键部署利器，我们可以直接使用如下脚本进行安装。

```
### 添加阿里云镜像软件源
cat <<EOF > /etc/yum.repos.d/kubernetes.repo
[kubernetes]
name=Kubernetes
baseurl=https://mirrors.aliyun.com/kubernetes/yum/repos/
kubernetes-el7-x86_64/
enabled=1
gpgcheck=1
repo_gpgcheck=1
gpgkey=https://mirrors.aliyun.com/kubernetes/yum/doc/yum-key.gpg
https://mirrors.aliyun.com/kubernetes/yum/doc/rpm-package-key.gpg
EOF
## 安装kubeadm
yum install -y kubeadm
## 设置kubelet开机启动并立即启动
systemctl enable kubelet && systemctl start kubelet
```

在上述安装 kubeadm 的过程中，kubeadm 和 kubelet、kubectl、kubernetes-cni 这几个二进制文件都会被自动安装好。

2. 部署Master节点

部署Master节点前，我们要做一些准备工作。

（1）禁用SELINUX，目的是让容器可以读取主机文件系统，重启生效。

```
vi /etc/selinux/config
将
SELINUX=enforcing
改成
SELINUX=disabled
```

（2）关闭swap分区。

```
vi /etc/fstab
```

注释带有swap的那一行，使用free -m查看是否已关闭，都是0表示已关闭。

以上两步需要重新启动服务器才会生效。

到这里我们就可以正式开始部署Master节点了，只要执行下面的命令就可以了。

```
kubeadm init --image-repository registry.aliyuncs.com/google_containers
```

这一步骤可能需要一点时间，执行后会在控制台打印出很多内容，我们要关注以下图中的内容，如图3.17所示。

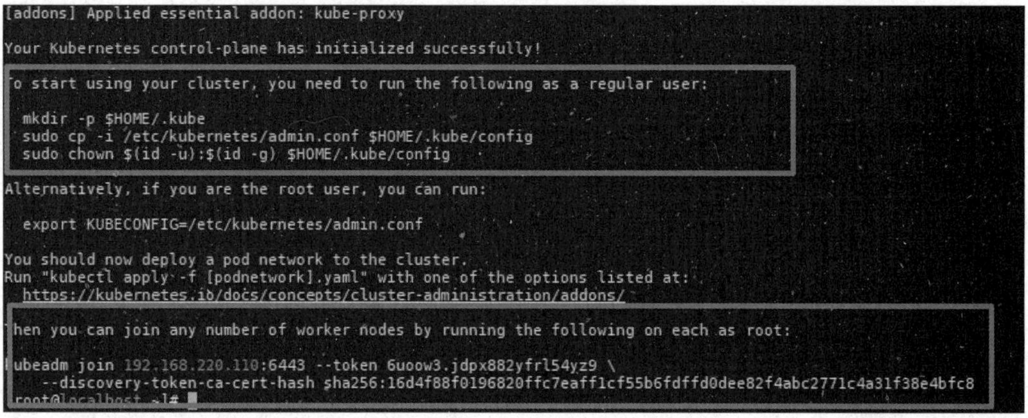

图3.17　部署Master节点打印信息

由图3.17中的内容可以知道，为了开始使用集群，需要执行下面的命令。

```
mkdir -p $HOME/.kube
sudo cp -i /etc/kubernetes/admin.conf $HOME/.kube/config
sudo chown $(id -u):$(id -g) $HOME/.kube/config
```

而如果想要加入新的worker nodes，可以通过下面的命令实现。

```
kubeadm join 192.168.220.110:6443 --token 6uoow3.jdpx882yfrl54yz9 \
    --discovery-token-ca-cert-hash
sha256:16d4f88f0196820ffc7eaff1cf55b6fdffd0dee82f4abc2771c4a31f38e4bfc8
```

现在，我们就可以使用 kubectl get nodes 命令来查看当前节点的状态了，如图3.18所示。

图3.18　查看节点状态

由此可见，Status是NotReady，我们可以通过kubectl get pods -n kube-system查看每个Pod

的状态，kube-system是Kubernetes预留的系统 Pod 的工作空间，查询情况如图3.19所示。

```
[root@localhost ~]# kubectl get pods -n kube-system
NAME                                           READY   STATUS    RESTARTS   AGE
coredns-7f89b7bc75-g8k8v                       0/1     Pending   0          22m
coredns-7f89b7bc75-nrv2k                       0/1     Pending   0          22m
etcd-localhost.localdomain                     1/1     Running   0          22m
kube-apiserver-localhost.localdomain           1/1     Running   0          22m
kube-controller-manager-localhost.localdomain  1/1     Running   0          22m
kube-proxy-p7z7k                               1/1     Running   0          22m
kube-scheduler-localhost.localdomain           1/1     Running   0          22m
[root@localhost ~]#
```

图3.19　查看Pod状态

由此可见，coredns处于Pending状态，这也就说明了我们的Master节点网络还未就绪。

3. 部署网络插件

使用如下命令即可部署网络插件weave。

```
kubectl apply -f "https://cloud.weave.works/k8s/net?k8s-version=$(kubectl version | base64 | tr -d '\n')"
```

部署后，再次使用 kubectl get nodes 命令来查看当前节点的状态，会发现已经是Ready状态了，如图3.20所示。

```
[root@localhost ~]# kubectl get nodes
NAME                   STATUS   ROLES                  AGE   VERSION
localhost.localdomain  Ready    control-plane,master   48m   v1.20.1
```

图3.20　再次查看节点状态

至此，Master 节点就部署完成了。如果我们只需要一个单节点的 Kubernetes，现在就可以使用了。不过，在默认情况下，Kubernetes 的 Master 节点是不能运行用户Pod的，这部分会在后文中进行说明。

4. 部署Worker节点

我们要重新打开一台服务器部署Worker节点，然后按照上文内容搭建好初始环境，执行部署Master节点时生成的join命令。

```
kubeadm join 192.168.220.110:6443 --token 6uoow3.jdpx882yfrl54yz9 \
    --discovery-token-ca-cert-hash
sha256:16d4f88f0196820ffc7eaff1cf55b6fdffd0dee82f4abc2771c4a31f38e4bfc8
```

注意：执行上述命令之前要确保服务器hostname是唯一的，否则会部署失败。

5. 调整 Master 执行 Pod 的策略

刚刚我们提到过，Master节点是不能运行用户Pod的，那如何让它可以运行呢？Kubernetes依靠的是Taint/Toleration机制。

也就是说只要某个节点打上了Taint，即打上了污点，那么所有的Pod都不能在此节点上运行。而一旦在Pod上打上Toleration（容忍）的标识，就可以在此节点上运行。

给节点打上污点的命令如下。

```
kubectl taint nodes localhost.localdomain foo=bar:NoSchedule
```

里面的NoSchedule，意味着这个Taint只会在调度新 Pod 时产生作用，而不会影响已经在此节点上运行的 Pod。

如果想要给Pod增加Toleration标识，只要在Pod.yaml文件中的spec部分加入Toleration就可以了，如下所示。

```
apiVersion: v1
kind: Pod
...
spec:
  tolerations:
  - key: "foo"
    operator: "Equal"
    value: "bar"
    effect: "NoSchedule"
```

意思就是这个Pod能"容忍"所有键值对为 foo=bar 的 Taint（operator: "Equal"，"等于"操作）。

这时我们使用kubectl describe node localhost.localdomain命令就可以看到如下内容。

```
Name:              localhost.localdomain
Roles:             control-plane,master
Taints:            foo=bar:NoSchedule
                    node-role.kubernetes.io/master:NoSchedule
```

可以看到Master节点默认就有了一个Taints，键是node-role.kubernetes.io/master，没有值。

此时Pod.yaml就要改成如下内容。

```
apiVersion: v1
kind: Pod
...
spec:
  tolerations:
  - key: "foo"
    operator: "Exists"
    effect: "NoSchedule"
```

这里我们使用了Exists操作符（operator: "Exists"，"存在"即可），意思是该 Pod 能够容忍所有以foo为键的Taint，这样就可以在Master节点上运行了。

到这里，一个Kubernetes集群就基本搭建完成了。

3.2.3 实战：Kubernetes 部署 Spring Boot 项目

本节我们动手实践，将Spring Boot项目部署到Kubernetes中，项目就不重新搭建了，直接使用hongdada/com.huishi.demo这个镜像。

（1）创建k8sdemo-controller.yaml。

```
apiVersion: v1
kind: ReplicationController
metadata:
  name: k8sdemo
  labels:
    name: k8sdemo
spec:
  replicas: 2        #副本数为2，k8s会自动进行负载均衡
  selector:
    name: k8sdemo
  template:
    metadata:
      name: k8sdemo
      labels:
        name: k8sdemo
    spec:
      containers:
      - name: k8sdemo
        image: hongdada/com.huishi.demo       #镜像名称
        imagePullPolicy: IfNotPresent         #镜像拉取策略
        ports:
        - containerPort: 8080
```

（2）使用如下命令创建项目的ReplicationController控制器。

```
kubectl create -f k8sdemo-controller.yaml
```

（3）使用kubectl get rc命令查看创建结果，如下所示。

```
[root@localhost Kubenetes]# kubectl get rc
NAME        DESIRED      CURRENT      READY      AGE
k8sdemo     2            2            2          9s
```

（4）使用kubectl get pods命令查看pods创建结果，如下所示。

```
[root@localhost Kubenetes]# kubectl get pods
NAME            READY   STATUS    RESTARTS   AGE
k8sdemo-91qtg   1/1     Running   0          5s
k8sdemo-jzdb7   1/1     Running   0          5s
```

（5）创建k8sdemo-svc.yaml。

```
apiVersion: v1
kind: Service
metadata:
  name: k8sdemo
spec:
  type: NodePort
  selector:
    name: k8sdemo
  ports:
  - port: 8080
    targetPort: 8080
    nodePort: 30080
```

由于此web app允许外部访问，所以需要将Service的spec.type设置为NodePort，同时需要在spec.ports里设置对应暴露给外部访问的端口号nodePort，这里设置的是30080。

（6）使用如下命令创建Service。

```
kubectl create -f k8sdemo-svc.yaml
```

（7）使用kubectl get svc查看创建情况如下。

```
[root@localhost Kubenetes]# kubectl get svc
NAME         TYPE        CLUSTER-IP       EXTERNAL-IP   PORT(S)
AGE
k8sdemo      NodePort    10.111.241.108   <none>        8080:30080/TCP  24s
kubernetes   ClusterIP   10.96.0.1        <none>        443/TCP         24h
```

（8）通过<虚拟机IP>:30080，即可成功访问，显示Hello Docker World。这里两个虚拟机的IP都可以成功访问。

3.3　小结

　　本章目的在于扩展读者的技术广度，通过阅读本章，读者能够对常用的容器技术有一个初步的认识，并可以实际使用Docker辅助我们日常的开发工作，而对于Kubernetes技术，本章主要是做一个初步的介绍，并引出容器编排的含义。

　　如果读者需要了解这部分内容，可以自行查阅资料了解。

　　思考题：在你的公司里，如果引入Docker容器，是否可以简化工作呢？

第 4 章

消息中间件概述

从本章开始，将进入本书的核心内容——消息中间件，我们该如何理解消息中间件呢？当查阅很多资料后会发现，消息中间件没有一个特别清晰的概念。其实很多小伙伴在日常工作中可能已经接触过它了，它逐渐成为企业IT系统内部通信的核心手段，具有低耦合、流量削峰、广播机制、异步化、最终一致性等一系列功能，从而成为数据之间异步通信的主要手段之一。

本章主要涉及的知识点如下。

- 清楚地认识到消息中间件的作用。
- 引出常用的消息中间件，并认识到它们之间的区别。
- 介绍RocketMQ的基本组成架构。
- 实际分析电商系统中的技术难题。

4.1　消息中间件简介

本节首先介绍同步的基本概念，再引入消息中间件的概念，并介绍消息中间件的异步化。

4.1.1　同步的概念

在了解中间件之前，我们先了解一下什么是同步，理解了同步之后，才会知道异步的价值。

首先来思考一个问题，假如两个公司之间有互相调用接口的业务需求，如果没有引入中间件技术，是怎么实现的呢？如图4.1所示。

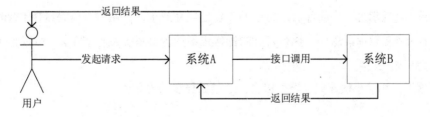

图4.1　同步调用

用户发起请求给系统A，系统A接到请求后处理一下内部的业务逻辑，同步地去调用系统B，这时系统A处于阻塞的状态，需要等到系统B的返回结果后，才能继续向下运行，当系统B返回结果后，系统A解除阻塞状态，继续向下运行，最终返回请求的结果给用户，这种模式就是同步调用。

通过上面一个场景的引入，我们来总结一下，所谓同步调用，就是各个系统之间互相依赖，一个系统发送请求，其他系统也会跟着依次进行处理，只有所有系统处理完成后，对于用户来讲才算完成了一次请求。只要其他系统出现故障，就会导致整个请求发生异常，这次请求对于用户来讲就是失败的。

4.1.2 异步调用

上面我们已经理解了同步调用的方式，那么与其相对的异步调用又是什么呢？

其实它并不神秘，消息中间件就是一种实现异步调用的方式，那么它是如何做到异步调用的呢？异步调用流程如图4.2所示。

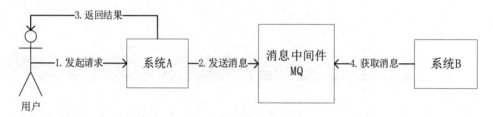

图4.2 异步调用

用户发起请求给系统A，此时系统A会发送消息给MQ（Message Queue，消息列队），然后就直接返回结果给用户，不去管系统B的死活了。

系统B会根据自己的情况，到MQ中获取消息，获取到消息的时候可能已经过了1分钟甚至1小时，再根据消息的指示执行相应的操作。

那么大家来思考一下，在这样的架构下系统A和系统B互相之间是否有通信，这种调用方式是同步调用吗？

系统A发送消息给中间件后，自己的工作已经完成了，不用再去管系统B什么时候完成操作。而系统B拉取消息后，执行自己的操作也不用告诉系统A执行结果，所以整个的通信过程是异步调用的。

到这里，相信小伙伴们已经可以自己总结出异步的含义了。

4.1.3 什么是消息中间件

我们已经理解了同步与异步，小伙伴们发现，笔者一直在说消息中间件的事，那消息中间件究竟是什么呢？

我们的主角终于登场了，其实消息中间件就是一个独立部署的系统，它可以实现各个系统之间的异步调用。当然它的作用不止这些，通过它可以解决大量的技术痛点，我们在接下来的内容中会为大家详细地进行介绍。

4.2 消息中间件的作用

本节主要介绍消息中间件的三个主要作用：异步化提升性能、降低耦合度、流量削峰，让读者切实地感受到引入消息中间件的意义。

4.2.1 异步化提升性能

说到消息中间件的作用，当然要先来说说它的异步化是如何提升性能的，4.1节中，我们在介绍消息中间件的时候已经解释了引入消息中间件后，如何实现异步化，但没有具体地去说明性能是怎么被提升的，没有对比就没有伤害，所以我们先来看一张同步化耗时图，如图4.3所示。

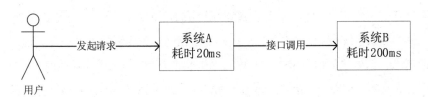

图4.3 同步化耗时

在没有引入消息中间件的时候，假如用户发起请求到系统A，系统A耗时20ms，接下来系统A同步调用系统B，系统B耗时200ms，带给用户的体验就是，一个操作全部结束一共耗时220ms。

如果引入消息中间件之后呢？耗时如图4.4所示。

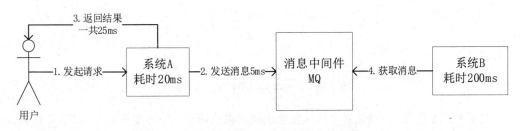

图4.4 异步化耗时

当用户发起请求到系统A时，系统A耗时20ms，然后就直接发送消息到MQ，耗时5ms，发送完消息就返回结果给用户了，一共用了25ms，用户体验一个请求只用了25ms，系统B接收到消息，处理自己的请求需要200ms，但这段耗时对于用户来说是隐藏的，用户体验不到，这样比较下来，就能看出异步化对于提高性能还是很有效果的。

4.2.2 降低耦合度

介绍完异步化提升系统性能后，我们循序渐进，继续来探索消息中间件的另一个作用——解耦，如图4.5所示。

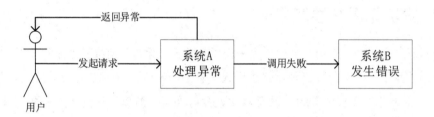

图4.5　未引入中间件的异常处理

如果没有引入消息中间件，那么系统A调用系统B的时候，一旦系统B出现故障，导致调用失败，就会导致系统A接到异常信息，接到异常信息后肯定要再处理一下，返回给用户一个失败的消息，例如"请稍后再试"。这时就得联系系统B的工程师反馈问题，等待系统B的工程师解决问题。一切都解决好后再告知用户系统已经恢复了，需要您再重新操作一次。

这样的架构，两个系统强耦合在一起，只要系统B出现问题，系统A也同样会无法正常运行，用户体验极差。

那么假如我们引入消息中间件后，在同样的场景下，流程有什么变化呢？如图4.6所示。

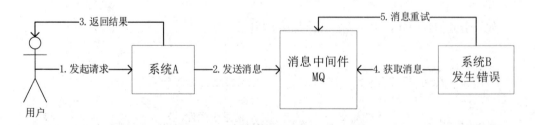

图4.6　引入中间件后的异常处理

对于系统A来说，发送消息后直接就会返回结果给用户，而不用再去管系统B后面怎么操作了。当系统B故障恢复后，会重新从MQ中拉取消息，执行之前未完成的操作，这样一个引入消息中间件后的流程，小伙伴们会发现，系统与系统之间没有那么大的影响，就实现了解耦。

解耦后的架构，系统B发生故障，系统A的工程师就不用去看系统B的工程师的脸色了，系统B的工程师也不会因为系统A的工程师的催促而烦躁了。

4.2.3 流量削峰

接下来我们来聊一聊本节的最后一个知识点，流量削峰。首先了解一下如果没有引入消息中间件，有关高流量的场景是什么样的，如图4.7所示。

图4.7　引入中间件前的流量情况

假如系统A是一个集群，它本身不需要连接数据库，这个集群本身可以抗下1万的QPS。

系统B操作的是数据库，这个数据库只能抗下6000QPS，这就导致无论系统B如何扩容集群，都只能抗下6000QPS，因为它的瓶颈在数据库。

假如突然系统QPS达到1万，数据库会因为承受不住这样的流量，而直接导致崩溃，对于一些大流量的场景，比如秒杀系统，这种架构显然是不能支持的。

那么引入消息中间件后，是如何优化高流量的呢？如图4.8所示。

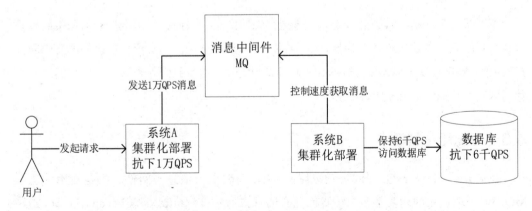

图4.8　引入中间件后的流量情况

引入消息中间件后，关于流量部分，对于系统A来说是没有什么变化的，系统A给MQ

发送消息可以直接发送1万的QPS，消息中间件一般都可以承受上万的QPS。

此时对于系统B，可以自己控制获取消息的速度，保持在6000QPS以下，以一个数据库能够承受的速度执行操作，这样就可以保证数据库不会被压垮。

当然，这种情况下MQ中是可能积压大量消息的。道理很简单，系统A一直以1万的QPS向MQ中生产消息，系统B一直保持着6000的QPS从MQ中拉取消息，那么每秒就会剩下4000的消息没有被处理，随着时间的推移，每秒都会多出来4000的消息积压在MQ中，这就导致了消息积压。

那小伙伴们就会有疑惑了，既然引入MQ后有着消息积压的问题，我们要如何解决这个问题呢？

其实大可不必担心，对于MQ来说，它本身就是允许消息积压的。系统A不可能一直都会以1万QPS的请求去发送消息，只有在系统高峰期才有可能出现这种程度的流量，等到系统A度过了高峰期，可能就恢复成了1000QPS，这时系统B还是在以6000QPS的速度去拉取消息，自然MQ中的消息就慢慢被释放了。

这就是流量削峰的过程。在电商秒杀、抢票等具有流量峰值的场景下可以使用这么一套架构。

当然，一套秒杀系统不是引入消息中间技术就可以解决的，其中会涉及很多复杂的调优技术，小伙伴们不要急，我们会在实战部分中介绍这部分内容。

4.3　常见的消息中间件

本节我们来一起看看当前市场上有哪些常见的消息中间件，了解常见的消息中间件各有什么优缺点，各适用于什么场景，是我们技术选型的关键。其实现在主流的消息中间件只有4种：kafka、ActiveMQ、RocketMQ、RabbitMQ。本节我们就来看一下，它们之间有什么区别，分别应该用于什么场景。

4.3.1　ActiveMQ

我们先看ActiveMQ。其实一般早些的项目需要引入消息中间件，都是使用的这个MQ，但是现在用的确实不多了。我们到它的官方版本仓库http://archive.apache.org/dist/activemq/看一看，如图4.9所示。

📁 5.14.4/	2017-10-04 10:47	-
📁 5.14.5/	2018-05-04 19:48	-
📁 5.15.0/	2017-06-30 17:58	-
📁 5.15.1/	2017-10-04 10:47	-
📁 5.15.10/	2019-09-03 10:14	-
📁 5.15.11/	2019-11-25 18:00	-
📁 5.15.12/	2020-03-18 06:41	-
📁 5.15.13/	2020-07-03 03:44	-
📁 5.15.14/	2020-12-10 13:34	-
📁 5.15.2/	2018-05-04 19:47	-
📁 5.15.3/	2018-05-04 19:48	-
📁 5.15.4/	2018-05-21 12:27	-
📁 5.15.5/	2018-08-09 13:54	-
📁 5.15.6/	2018-09-07 12:50	-
📁 5.15.7/	2019-03-21 16:04	-
📁 5.15.8/	2019-03-21 16:05	-
📁 5.15.9/	2019-03-19 12:31	-
📁 5.16.0/	2020-07-03 03:44	-

图4.9　ActiveMQ版本迭代情况

你会发现官网已经不活跃了，好久才会更新一次。

从性能上来讲，它支持的单机吞吐量是万级，这样的吞吐量对于一些企业级的项目已经够用了，但对于高并发、高流量的互联网项目是完全不够的。

在高可用性上，ActiveMQ使用的是主从架构的实现。

在消息可靠性上，ActiveMQ有较低的概率会丢失数据。

综上所述，我们可以断定，这个产品基本可以弃用了，完全可以使用RabbitMQ来代替它。

4.3.2　RabbitMQ

接下来我们就来看看RabbitMQ，RabbitMQ出现后，国内大部分公司都从ActiveMQ切换到了RabbitMQ，基本代替了ActiveMQ的位置。我们可以到它的版本迭代网站https://www.rabbitmq.com/news.html看一下迭代情况，如图4.10所示。

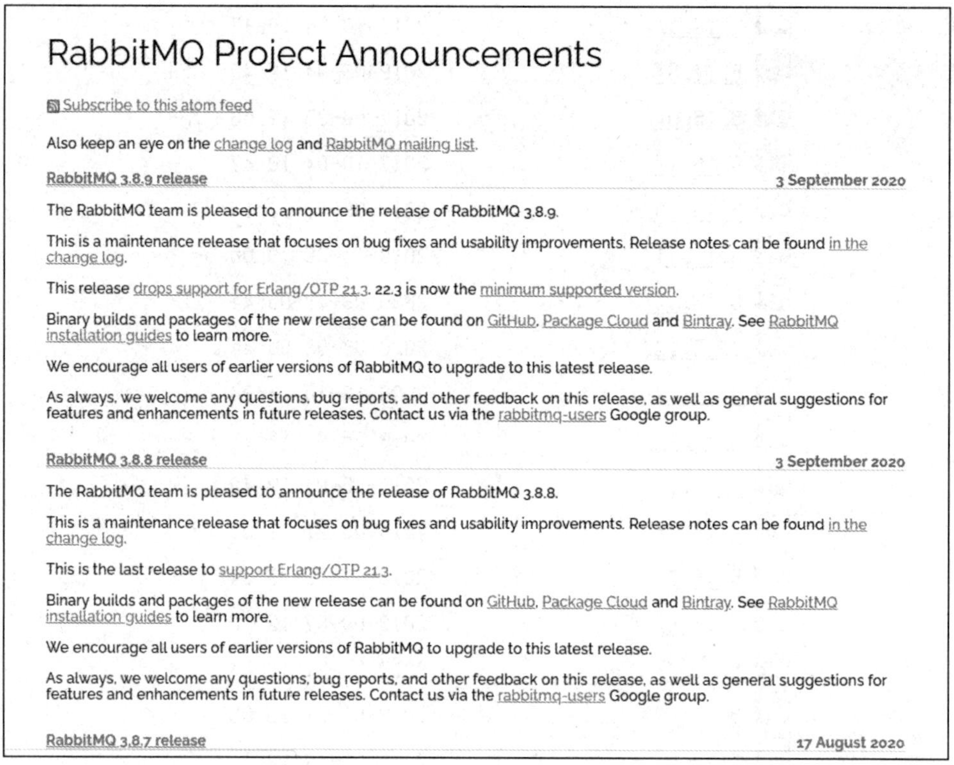

RabbitMQ Project Announcements

Subscribe to this atom feed

Also keep an eye on the change log and RabbitMQ mailing list.

RabbitMQ 3.8.9 release 3 September 2020

The RabbitMQ team is pleased to announce the release of RabbitMQ 3.8.9.

This is a maintenance release that focuses on bug fixes and usability improvements. Release notes can be found in the change log.

This release drops support for Erlang/OTP 21.3. 22.3 is now the minimum supported version.

Binary builds and packages of the new release can be found on GitHub, Package Cloud and Bintray. See RabbitMQ installation guides to learn more.

We encourage all users of earlier versions of RabbitMQ to upgrade to this latest release.

As always, we welcome any questions, bug reports, and other feedback on this release, as well as general suggestions for features and enhancements in future releases. Contact us via the rabbitmq-users Google group.

RabbitMQ 3.8.8 release 3 September 2020

The RabbitMQ team is pleased to announce the release of RabbitMQ 3.8.8.

This is a maintenance release that focuses on bug fixes and usability improvements. Release notes can be found in the change log.

This is the last release to support Erlang/OTP 21.3.

Binary builds and packages of the new release can be found on GitHub, Package Cloud and Bintray. See RabbitMQ installation guides to learn more.

We encourage all users of earlier versions of RabbitMQ to upgrade to this latest release.

As always, we welcome any questions, bug reports, and other feedback on this release, as well as general suggestions for features and enhancements in future releases. Contact us via the rabbitmq-users Google group.

RabbitMQ 3.8.7 release 17 August 2020

图4.10 RabbitMQ版本迭代情况

可以看出它的社区还是很活跃的，2020年一年内就更新了很多个版本，更新频率远高于ActiveMQ。

从性能上来讲，它的单机吞吐量也是万级，对于需要支持特别高的并发的情况，它是无法担当重任的。

在高可用性上，它使用的是镜像集群模式，可以保证高可用。

在消息可靠性上，它是可以保证数据不丢失的，这也是它的一大优点。

同时它也支持一些消息中间件的高级功能，如消息重试、死信队列等。

但是，它的开发语言是erlang，国内很少有人精通erlang，所以导致无法阅读源码。对于大多数中小型公司，不需要面对技术上挑战的情况，使用它还是比较合适的。而对于一些BAT类的大型互联网公司，显然它就不合适了。

4.3.3 RocketMQ

接下来我们来讨论一下个人比较推崇的消息中间件——RocketMQ，它是阿里开源的消息中间件，非常靠谱。

我们可以直接去RocketMQ的github地址https://github.com/apache/rocketmq中看一看代码的提交情况，如图4.11所示。

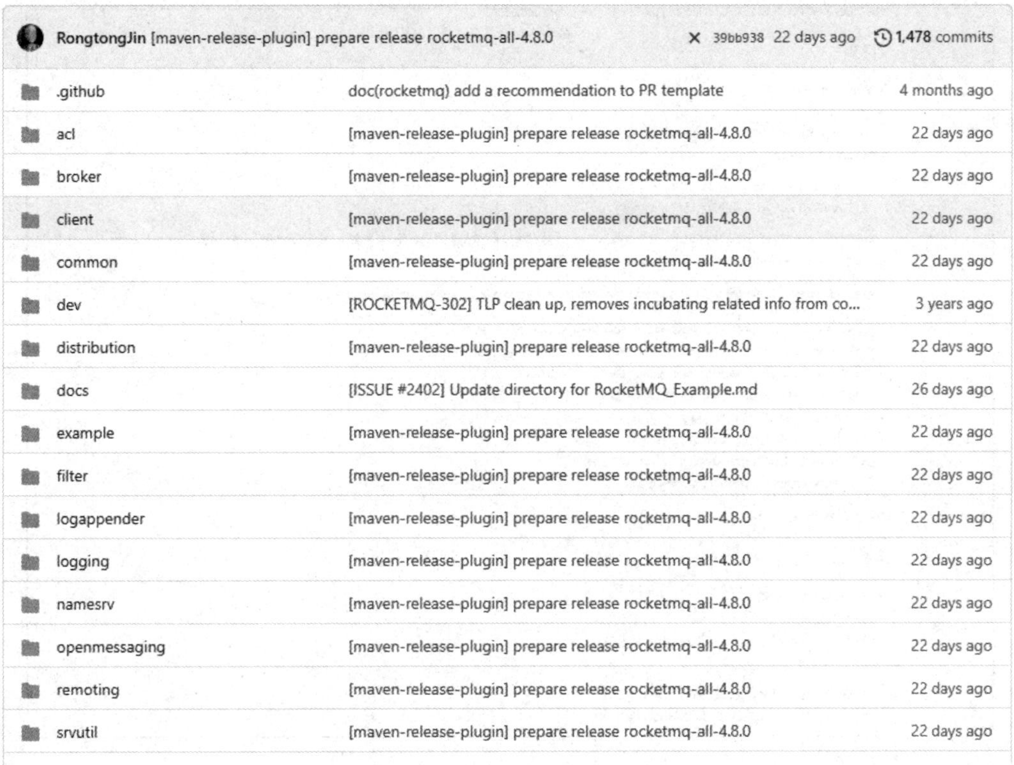
RongtongJin [maven-release-plugin] prepare release rocketmq-all-4.8.0　✕ 39bb938 22 days ago　1,478 commits

.github	doc(rocketmq) add a recommendation to PR template	4 months ago
acl	[maven-release-plugin] prepare release rocketmq-all-4.8.0	22 days ago
broker	[maven-release-plugin] prepare release rocketmq-all-4.8.0	22 days ago
client	[maven-release-plugin] prepare release rocketmq-all-4.8.0	22 days ago
common	[maven-release-plugin] prepare release rocketmq-all-4.8.0	22 days ago
dev	[ROCKETMQ-302] TLP clean up, removes incubating related info from co...	3 years ago
distribution	[maven-release-plugin] prepare release rocketmq-all-4.8.0	22 days ago
docs	[ISSUE #2402] Update directory for RocketMQ_Example.md	26 days ago
example	[maven-release-plugin] prepare release rocketmq-all-4.8.0	22 days ago
filter	[maven-release-plugin] prepare release rocketmq-all-4.8.0	22 days ago
logappender	[maven-release-plugin] prepare release rocketmq-all-4.8.0	22 days ago
logging	[maven-release-plugin] prepare release rocketmq-all-4.8.0	22 days ago
namesrv	[maven-release-plugin] prepare release rocketmq-all-4.8.0	22 days ago
openmessaging	[maven-release-plugin] prepare release rocketmq-all-4.8.0	22 days ago
remoting	[maven-release-plugin] prepare release rocketmq-all-4.8.0	22 days ago
srvutil	[maven-release-plugin] prepare release rocketmq-all-4.8.0	22 days ago

图4.11　RocketMQ版本迭代情况

可以看到，在22天前刚刚提交过代码，所以它还是一直有人维护的。

从性能上来讲，它支持高吞吐量，能达到10万级，能承受互联网项目高并发的挑战。

在高可用性上，它使用的是分布式的架构，可以搭建大规模集群，性能很高。

在消息可靠性上，它通过配置，可以保证数据绝对不丢失，同时它支持大量的高级功能，如延迟消息、事务消息、消息回溯、死信队列等（后续章节会单独讲解）。

它非常适合应用于Java系统架构中，因为它是使用Java语言开发的，我们可以去阅读源码了解更深的底层原理。

目前来看，它没有什么特别的缺点，可以支持高并发下的技术挑战，可以基于它实现分布式事务，大型互联网公司和中小型公司都可以选择使用它来作为消息中间件。

4.3.4 Kafka

kafka的吞吐量被公认为中间件的翘楚，单机可以支持十几万的并发，相当强悍。

我们可以去它的官方下载网址http://kafka.apache.org/downloads查看一下它的版本迭代情况，如图4.12所示。

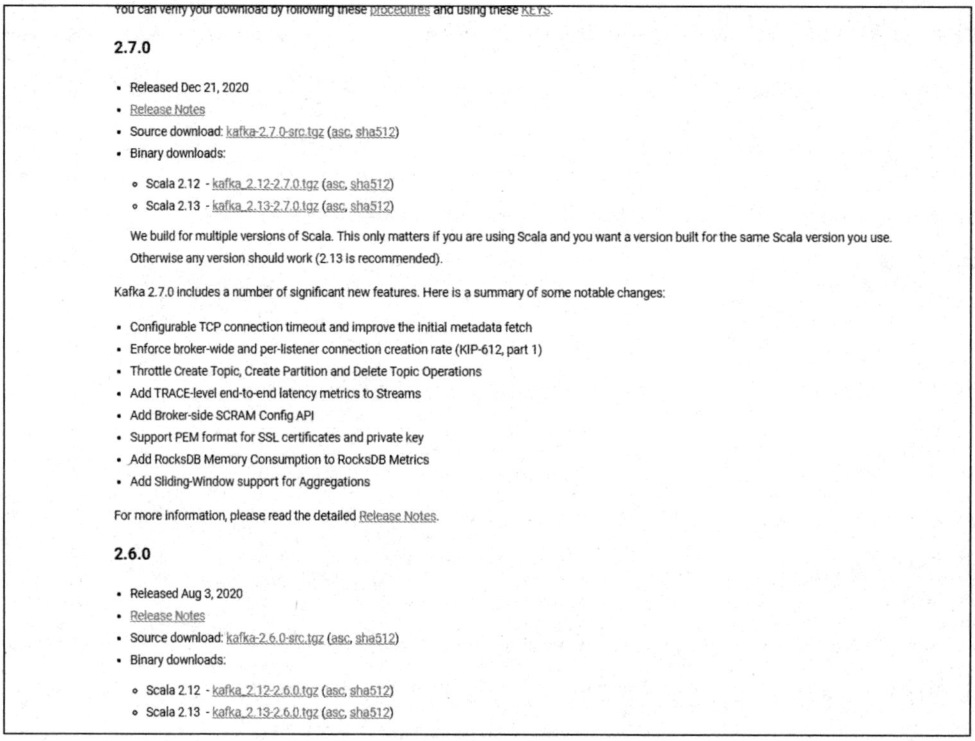

You can verify your download by following these procedures and using these KEYS.

2.7.0

- Released Dec 21, 2020
- Release Notes
- Source download: kafka-2.7.0-src.tgz (asc, sha512)
- Binary downloads:

    ○ Scala 2.12 - kafka_2.12-2.7.0.tgz (asc, sha512)
    ○ Scala 2.13 - kafka_2.13-2.7.0.tgz (asc, sha512)

    We build for multiple versions of Scala. This only matters if you are using Scala and you want a version built for the same Scala version you use. Otherwise any version should work (2.13 is recommended).

    Kafka 2.7.0 includes a number of significant new features. Here is a summary of some notable changes:

- Configurable TCP connection timeout and improve the initial metadata fetch
- Enforce broker-wide and per-listener connection creation rate (KIP-612, part 1)
- Throttle Create Topic, Create Partition and Delete Topic Operations
- Add TRACE-level end-to-end latency metrics to Streams
- Add Broker-side SCRAM Config API
- Support PEM format for SSL certificates and private key
- Add RocksDB Memory Consumption to RocksDB Metrics
- Add Sliding-Window support for Aggregations

For more information, please read the detailed Release Notes.

2.6.0

- Released Aug 3, 2020
- Release Notes
- Source download: kafka-2.6.0-src.tgz (asc, sha512)
- Binary downloads:

    ○ Scala 2.12 - kafka_2.12-2.6.0.tgz (asc, sha512)
    ○ Scala 2.13 - kafka_2.13-2.6.0.tgz (asc, sha512)

图4.12　Kafka版本迭代情况

可以看出它的迭代频率也是比较频繁的。

它在高可用性上同样支持分布式集群部署。

在消息可靠性上，如果保证异步的性能，它可能会出现消息丢失的情况，因为它保存消息时是先存到磁盘缓冲区的，如果机器出现故障，缓冲区的数据是可能丢失的（后续介绍RocketMQ时会讲到）。

它的功能非常单一，就是消息的接收与发送，因此不适合应用于许多场景。

它在行业内主要应用于大数据领域，使用它进行用户行为日志的采集和计算，来实现比如"猜你喜欢"的功能。

所以，如果没有大数据的需求，一般不会选择它。

4.4　RocketMQ的基本架构

4.3节跟大家聊了聊什么是消息中间件，以及哪些场景使用哪些消息中间件更加合适。我们了解到RocketMQ是Java语言开发的，能更深入地阅读源码，了解它的底层原理，而且它具有优秀的消息中间件高级功能。再换个角度思考，对于面试MQ来说，其实我们需要深入地了解一个中间件来与面试官详聊，其他的中间件了解基本原理就可以了（后文会讲解）。

所以接下来我们就以RocketMQ为敲门砖，慢慢了解MQ的奥秘。

4.4.1　RocketMQ 是如何承受高并发的

要探讨RocketMQ是怎么实现高并发的，我们先从它的单机模式说起。

之前说过，单机的RocketMQ可以承受十万多的并发，那么这时如果业务上突然出现了几十万并发量的情况，该如何处理呢？

没关系，RocketMQ是支持集群化部署的，部署多台机器，每台机器承受十万的并发不就可以了吗？如图4.13所示。

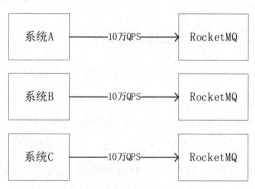

图4.13　RocketMQ集群化部署

其实这就是RocketMQ承受高并发的原理，当然，关于它是如何将流量分配到集群的每台机器上，这个问题以后会单独讲解，今天我们的目的在于了解它的总体架构原理。

4.4.2　RocketMQ 如何存储大量消息数据

现在我们来看看，RocketMQ是如何持久化数据的。MQ收到大量消息后，这些消息是不能实时消费的，就会存在消息的积压，同时为了保证消息不丢失，所以持久化是很必要的。

而对于海量的消息，单独一台机器是存储不下的。退一步来讲，就算能够存储得下，一旦这台机器坏掉，数据就丢失了，无法保证消息的可靠性。

其实对于消息数据的持久化，和高并发的解决方案是类似的，如图4.14所示。

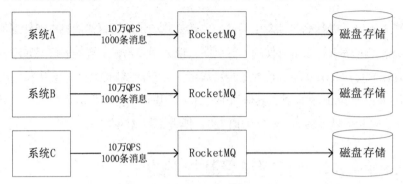

图4.14　RocketMQ的分布式存储

假设一共有一万条消息要发送给MQ，分散到10台机器，可能每台机器就会收到1000条左右的消息，这时MQ会把发送到自己机器的消息保存到磁盘里，其实就是数据的分布式存储。

所谓分布式存储，就是把数据分散到多台机器存储，可以通过扩展机器存储海量数据。

4.4.3　RocketMQ 是如何处理宕机的

在讨论这个问题之前，我们先引入一个新的概念：Broker。

Broker是RocketMQ的核心模块，负责接收并存储消息，同时提供Push/Pull接口来将消息发送给Consumer。Consumer可选择从Master或Slave读取数据。多个主/从组成Broker集群，集群内的Master节点之间不做数据交互。Broker同时提供消息查询的功能，可以通过MessageID和messageKey来查询消息。Broker会将自己的Topic配置信息实时同步到NameServer。

一定有读者会问，上面又出现了一个新名词NameServer，那什么是NameServer呢？我们后续详细介绍。

至于Producer（生产者）、Consumer（消费者），相信小伙伴们已经了解了，就是消息的生产服务和消费服务，这里不多做介绍。

了解了这些概念后我们再重新讨论主题，RocketMQ宕机了怎么办？

RocketMQ对此的解决方案是Broker主从架构及多副本策略，上面介绍Broker的时候我们也说了，它是有主从的，如图4.15所示。

Master Broker收到消息后会同步给Slave Broker，此时Slave Broker就有了一份副本数据，这样，当RocketMQ挂掉了一个Broker，还有一份副本Broker可以继续提供服务，这就保证了系统的高可用性。

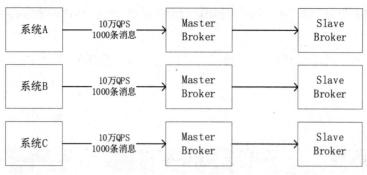

图4.15　Broker主从架构

4.4.4 如何知道我该访问哪个 Broker

上文中我们发现，Broker可以部署一个庞大的集群，还可以部署多个Slave做副本实现高可用，那么对于要调用MQ服务的系统来讲，是如何知道它应该访问哪个Broker的呢？

这时就要谈谈NameServer了。

NameServer可以看作是RocketMQ的注册中心，它也是可以独立部署集群的，主要管理两部分数据：集群的Topic-Queue的路由配置和Broker的实时配置信息。其他模块通过NameServer提供的接口获取最新的Topic配置和路由信息。

我们在之前的内容中刚刚使用Spring Cloud搭建了一个电商项目，大家是不是觉得NameServer很熟悉，没错，它就是注册中心，功能类似于Eureka，每个Broker都会向它注册自己的信息，如图4.16所示。

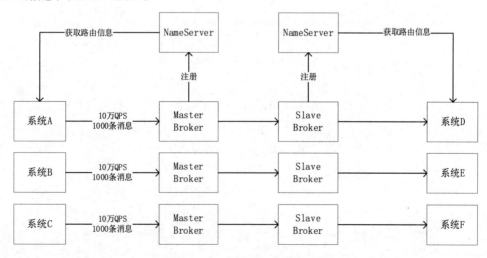

图4.16　NameServer基本流程

对于系统而言（无论是生产者还是消费者），要调用MQ服务，首先会去NameServer中获取路由信息，也会知道系统中有哪些Broker正在提供服务，从而确定自己应该访问哪台机器上的Broker。

RocketMQ的基本架构原理就是这样了，当然这只是个总体的架构，其中有很多细节可以去深入探索。

4.5　电商系统面临的技术挑战

通过前面的学习，我们已经初步认识了RocketMQ能够解决的问题，那么本节我们就分析一下一个真实的电商系统到底有什么技术挑战。了解了这些技术挑战，我们才能适当地将RocketMQ引入系统中解决问题。

4.5.1　再谈电商系统业务流程

之前我们在动手搭建Spring Cloud项目的时候，已经初步介绍过了订单系统的业务流程，小伙伴们不妨再去复习一下。本节将对订单系统业务展开，说明一些业务细节。

平时我们经常通过淘宝、京东等平台购物，流程是什么样的呢？先打开App浏览商品，然后将想要购买的商品放入购物车或者直接单击立即购买，进入订单页面，在订单上填写收货地址等基本信息，然后生成订单，接着去支付，支付后就等着商品送货上门了，如图4.17所示。

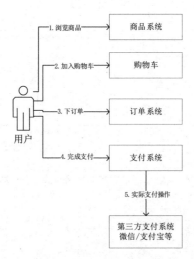

图4.17　电商购物流程

对于用户来讲，以上就是整个购买商品的流程了，电商系统的后台服务是如何处理这些流程的呢？除了上述流程，订单系统还会经过短信系统发送一些校验信息、通过库存系统扣减库存、通过仓储系统通知发货、通过积分系统更新积分、通过促销系统发放红包等，如图4.18所示。

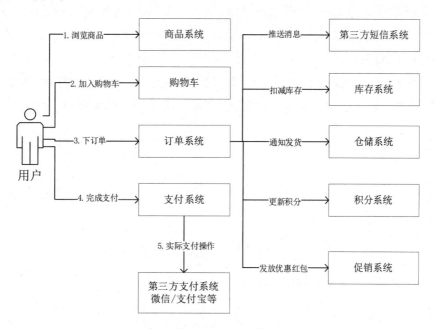

图4.18　电商后台服务流程

看到这里，是不是要感慨一下，平时的购物流程反映到系统内部，实现起来居然如此复杂！那么在这一阶段中我们会遇到哪些技术挑战呢？

首先要思考一个问题，一般我们是什么时候访问这种电商App去购物呢？可能是上下班的公交地铁，可能是吃完晚饭后躺在床上看一看商品，也可能是午休的时候看一会儿。总之，上班时间一般不会去购物的。所以我们只要考虑高峰期对系统的压力就可以了，如果高峰期的QPS很高，系统压力就会很大，如果不采用MQ异步化的方式提升系统间调用的性能，整个电商系统很可能会被流量冲垮。

另外，电商系统平时的流量不会有那么高，但是一旦有促销活动，比如双十一、双十二，那么QPS会达到一个恐怖的程度，对于这种情况，我们应该单独准备一个促销活动系统，使用MQ来进行流量削峰。为什么要单独准备一个促销活动系统呢？因为平时我们不需要用到这样的高并发支持，针对促销活动，单独优化性能就可以了。

除此之外，订单系统会与多个第三方系统交互，如果采用同步的方式，会导致系统的耦合，我们可以采用MQ来解耦。

73

4.5.2 退款与取消支付流程

其实电商系统的复杂程度还不止上面说到的那么多,刚才我们说的流程都是正向流程,如果发起退款呢?退款后要退给用户支付的费用,把扣减的库存再加回来,把发放的积分与优惠收回,再通过短信系统通知退款完成,还需要通知仓库系统取消发货。

如果仓库已经发货了,才申请退款,那么还得重新把收到的商品快递回去,商家收到商品后再执行退款操作。

以上种种情况,也许我们平时作为用户已经体验过了,只是没有仔细思考过这一流程,为了简单起见,我们就以未发货申请退款为例,流程图如图4.19所示。

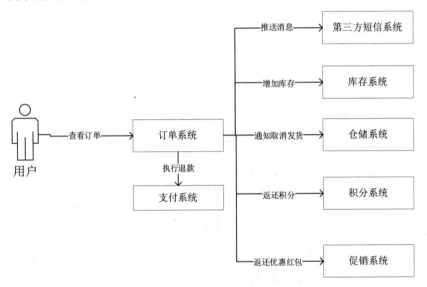

图4.19　退款后台服务流程

那么当我们选好商品,并下了订单,但这个时候突然不想买了,未支付,会发生什么呢?这个时候订单为待支付状态,库存已经被锁定,一直不支付库存就一直锁定,这不就是在说,如果我们去商场看上了一双鞋,你不付款却让商家一直给你留着这双鞋,这就不符合逻辑了。一般我们想到的解决方案就是启动一个后台线程,定时地扫描待支付的订单,如果发现过了一段时间还未支付,就把订单关闭,释放库存,如图4.20所示。

那这一过程中有什么问题呢?如果我们的数据库里有着几十万的订单,那这个后台扫描线程每次都会去扫描几十万的订单表,显然性能很差。

而对于退款操作,或者说是对于金钱的操作,我们要保证绝对的一致性,那么分布式系统如何能够保证呢?这也是要考虑的问题。

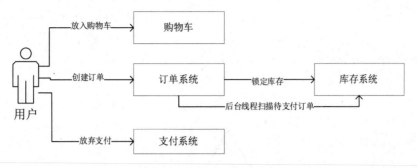

图4.20　放弃支付流程

4.5.3 大数据团队带来的技术挑战

　　说到电商系统，就要说到大数据团队了，可能小伙伴们都听说过大数据，那么大数据团队在电商系统中究竟要做些什么工作呢？

　　其实大数据团队主要的工作就是尽可能地搜集用户在我们系统中的行为数据，比如用户搜索了什么，浏览了什么商品，购买了什么，评论了什么等。通过获取到的这些数据可以计算出很多东西，比如"猜你喜欢""用户行为轨迹""数据分析报表"等。

　　那么问题就来了，大数据团队如何采集他们需要的数据呢？

　　最笨的方式就是直接从数据库里通过SQL查询。要知道一般这种SQL都是几十行的大SQL，这么做会严重影响数据库的性能，进而导致整个电商系统的性能变差，所以这也是我们面临的一个技术挑战。

4.6　小结

　　本章我们正式进入了本书的核心内容RocketMQ，通过学习，你应该理解了什么是消息中间件、不同消息中间件之间的差异与选型、RocketMQ的基本架构，同时又与大家一起讨论了电商系统的技术难题。

　　本章主要是RocketMQ的引导章节，后续会对RocketMQ进行详细的剖析，让我们拭目以待。

　　思考题：你们公司的产品是否也存在和电商系统类似的技术挑战呢？如果没有，假设用户量突然暴增20倍，系统会不会存在问题呢？

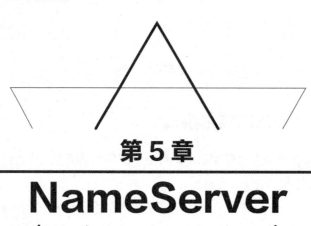

第 5 章

NameServer

从本章开始，我们将逐步地剖析RocketMQ的每一个组件，让读者学习过后能够对RocketMQ掌握到精通的程度，本章的内容是RocketMQ的注册中心NameServer。

本章主要涉及的知识点如下。

- 了解NameServer的概念与数据结构。
- 理解NameServer与其他组件的交互流程。

5.1　NameServer概述

其实对于NameServer，我们在之前的章节已经介绍过了。

NameServer可以看作是RocketMQ的注册中心，它也可以独立部署集群，主要管理两部分数据：集群的Topic-Queue的路由配置和Broker的实时配置信息。其他模块通过NameServer提供的接口获取最新的Topic配置和路由信息，功能类似于Eureka。

NameServer作为RocketMQ的注册中心，它关联着生产者和消费者之间的数据通信，同时又存储着Broker集群的各种部署信息，十分重要。

5.2　NameServer与其他组件的交互流程

要搭建一个RocketMQ技术栈，必然要部署NameServer，那么NameServer是如何部署的呢？NameServer是支持集群化部署的，可以保证高可用性。

我们都知道，NameServer作为一个十分重要的核心组成部分，它一旦宕机，整个MQ就无法正常运转了。所以NameServer一定要部署多台机器，保证任何时候都能对外提供服务。

5.2.1　Broker 如何向 NameServer 注册信息

Broker是如何向NameServer注册信息的呢？

是不是有人会这么认为，比如我们有10台Broker机器、2台NameServer机器，其中5台Broker机器会注册到一个NameServer上，另外5台会注册到另外的一个NameServer上，这样一来NameServer中的数据也就实现了分布式存储，有很高的可扩展性，如图5.1所示。

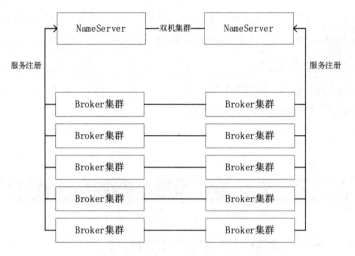

图5.1 你认为的NameServer存储方式

那么真实情况是这样吗？

答案是否定的，虽然我们一直在灌输分布式带来的好处，MQ也是解决分布式系统中各种问题的关键技术，但不代表所有的情况都适用于分布式存储。

试想一下，如果NameServer分布式存储Broker注册的信息，那生产者从NameServer获取信息时，不是又面临着和Broker相同的问题吗？不知道应该访问哪个NameServer，所以这样的方式是错误的。

RocketMQ的实际方案是，每个Broker都会向每个NameServer进行服务注册。

这样从NameServer获取数据时，无论从哪台机器上都能获取到所有的数据，而且就算其中一个NameServer宕机了，其他NameServer也能继续提供服务，如图5.2所示。

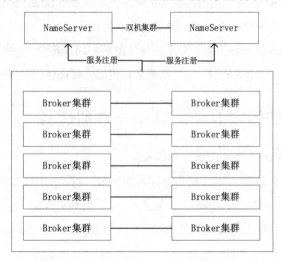

图5.2 实际的NameServer存储方式

5.2.2 系统如何从 NameServer 获取信息

现在我们理解了系统向NameServer注册信息的方式，那么生产者和消费者是如何从NameServer中获取信息的呢？

首先我们要知道，系统想要从NameServer里获取到什么信息。其实主要是获取到两个信息，一是整套的Broker集群列表，二是通过一定的算法选择要访问的Broker机器，可以称其为路由信息。

生产者和消费者自己每隔一段时间，就会主动去NameServer中拉取这些信息，其实RocketMQ的内部就是这么实现的，如图5.3所示。

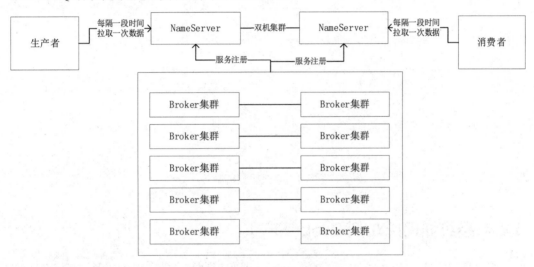

图5.3   获取注册表信息的方式

5.2.3 NameServer 如何感知到 Broker 宕机

在Broker向NameServer注册了自己的信息后，如果这时由于各种原因，Broker宕机了，此时如果不去告知NameServer，那么NameServer中的信息就是错误的，当系统获取信息时，可能会出现将消息发送到宕机的Broker的情况，导致系统出错，所以NameServer中信息的准确性是很重要的。那么当Broker宕机时，NameServer是怎么感知到的呢？

这就要讲到心跳检测了。就和我们人类一样，如果心跳有问题了，就意味着身体出现了问题，需要去医院治疗了。

Broker会每隔30s向每一个NameServer发送心跳请求，证明自己还活着。而NameServer在接收到心跳请求后，就会记录下这台Broker发送心跳请求的时间。

然后，NameServer自己每10s会扫描一次所有Broker留下的心跳请求时间，如果发现哪台Broker留下来的心跳请求时间距离当前时间超过120s了，那么就会断定这台Broker已经挂掉了，就会更新自己的Broker列表信息，如图5.4所示。

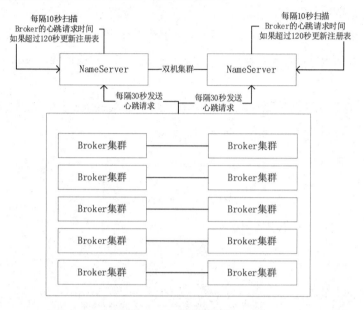

图5.4　心跳检测机制

5.2.4 系统如何感知到 Broker 宕机

刚才我们知道了Broker宕机后，NameServer是可以感知到的，但生产者和消费者系统如果不能感知到宕机的信息，问题还是不能解决的，那么系统是如何感知到Broker宕机的呢？难道只要有Broker宕机了，NameServer就要主动发送消息给各个系统吗？

这是不靠谱的，就算是NameServer主动发送消息给所有系统，也无法解决问题。

我们想一下，如果这时候Broker宕机了，但是同时生产者已经把消息发出来给这台宕机的Broker了，而这时NameServer经过心跳检测刚刚感知到这个情况，再去主动发送给这个生产者，这样当然不能解决问题，报错已经发生了。

再想一下，NameServer就算是不主动发送消息给生产者，上面我们已经了解，每个系统间隔一段时间就会主动向NameServer拉取信息，所以NameServer主动发送消息既不能保证实时性，又是一个多此一举的过程。

那么实际解决方案是什么呢？针对这个问题，本节就不作解答了，后面我们专门研究生产者与消费者的原理之后，你自然就知道这个问题的答案了。

5.3　小结

本章我们主要学习了NameServer在RocketMQ中扮演的角色，学完本章，你应该对NameServer与其他组件的交互流程有了一个清晰的认识。

由于本章内容较少，暂且没有需要实战的内容，所以我们下一章再来一起实战。

思考题：NameServer与其他组件的交互流程，你能画图讲给面试官吗？

第 6 章

RocketMQ 的高可用

本章我们将对RocketMQ的Broker集群进行深度讲解，让读者完全理解RocketMQ的高可用机制，同时本章会根据已有的知识开始一轮实战，带领大家一起搭建出第一个RocketMQ集群。

本章主要涉及的知识点如下。

- 了解Broker的主从架构。
- RabbitMQ与Kafka的高可用机制。
- 实战：部署我们自己的RocketMQ集群。

6.1　Broker的主从架构

第5章我们一起聊了聊RocketMQ中NameServer的一些内部工作流程，了解了NameServer的部署和与Broker之间的联系，那么本节我们就来一起聊聊Broker的主从架构内部原理。

6.1.1　Master Broker 与 Slave Broker 之间的消息同步

Broker是RocketMQ的核心模块，负责接收并存储消息，为了保证整个MQ的高可用，一般情况都会将Broker部署成集群，集群中的每一部分都由Master和Slave组成，那么Master与Slave之间的数据是如何保证同步一致的呢？

是Master主动把数据推送给Slave，还是Slave主动发送请求去Master拉取最新数据？

答案是第二种，RocketMQ的内部原理就是Slave不停地向Master发送请求拉取数据，也就是说这是一种Pull模式拉取消息，而不是Push模式推送消息，如图6.1所示。

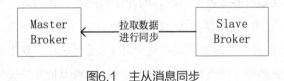

图6.1　主从消息同步

6.1.2　Master Broker 与 Slave Broker 的读写分离

上面我们了解到，Master Broker主要接收来自系统的请求，之后Slave Broker会向Master Broker发出拉取请求，同步数据。那么，当系统访问Broker获取数据的时候是什么样的过程呢？如果实现了读写分离，是不是Master Broker只负责消息的写入操作，Slave Broker只负责消息的读取呢？

其实不是这样的，当读取数据的时候，是既可能在Master Broker读取数据，也可能在Slave Broker读取数据。作为消费者，向MQ获取数据的时候，首先与Master Broker建立连接，并发送请求获取一批消息。而此时，Master Broker不是直接返回消息给消费者，而是会根据Master Broker的负载情况及Slave Broker的同步情况，向消费者建议下次应该从Master Broker获取消息还是从Slave Broker获取消息。

具体什么时候会建议去Master Broker获取消息呢？

举个例子，如果在一段时间内Master Broker突然新增了大量的消息，而这时Slave Broker同步这些消息也需要一定的时间，所以主从的数据是不一致的，为了保证读取消息的准确性，就只能从Master Broker获取消息。

那么什么时候会建议去Slave Broker获取消息呢？

再看个例子，如果一段时间内，Master Broker由于业务原因接收了海量的并发读取消息的请求，导致本身负载很重，这时对于消费者新发来的请求，如果继续从Master Broker获取消息，就会导致性能很慢，而且增加Master Broker服务器的压力，所以这时就会建议从Slave Broker获取消息了。当然有个前提，这时Slave Broker的数据与Master Broker的数据要确保是一致的，否则还是只能从Master Broker获取消息。

所以我们总结出来，当写入消息的时候，一般是选择Master Broker来写入的，而对于读取消息，从哪里获取数据，要视当时情况而定。所以不能说是完全的读写分离。

6.1.3 Master Broker 与 Slave Broker 的宕机处理

1. 如果Slave Broker宕机怎么办

现在我们想想，如果Slave Broker宕机了，对于整体MQ系统来讲，会有多大的影响。

实际上，这种情况是没有太大影响的，因为我们刚刚已经知道，所有的写请求都会发送给Master Broker，而所有的读请求通过Master Broker也可以进行下去。

所以Slave Broker宕机了，其实不影响整个MQ的运行过程，如果非要说出个一二，那就是可供读取消息的机器少了一台而已，如果这时候出现海量并发读取消息的情况，性能会变差。

所以，如果Slave Broker宕机，一般会有监控系统能够监控得到，维护人员及时手动处理，重新启动就可以了。

2. 如果Master Broker宕机怎么办

现在我们假设，Master Broker突然宕机了，对于MQ整体上有什么影响呢？

这种情况对于消息的写入和读取就会产生影响了。但是我们知道，在Slave Broker上是有一份与Master Broker相同的备份数据的，只不过可能存在消息同步的过程中宕机的情况，导致部分数据丢失。

那么RocketMQ可以自动将Slave切换为Master吗？答案是否定的。

在RocketMQ 4.5之前，一旦Master发生故障，Slave是无法自动切换成Master提供服务的。

在这种情况下，就需要运维人员手动修改Slave Broker的配置，重启服务将其切换为Master，这样不仅过程麻烦，而且中途还会发生服务不可用的状况，没有真正实现高可用。

6.1.4 Dledger 实现 RocketMQ 的高可用

在RocketMQ 4.5后，针对上面说到的情况有了新的解决方案，就是Dledger。

Dledger是什么呢？Dledger是一个基于Raft协议实现的工具，基于Dledger可以实现RocketMQ的高可用主从自动切换效果。

简单地解释一下，就是当Master Broker宕机的时候，就可以在多个Slave Broker中根据Dledger机制进行Leader选举，选出一个新的Master对外继续提供服务。整个过程可能有十秒或几十秒的时间，这样就实现了主从切换的自动化。

至于Raft及Dledger的原理，在6.2节会详解说明。

6.2　Dledger的自动切换原理

本节我们就来聊一聊Raft协议和Dledger的自动切换原理。

6.2.1 使用 Dledger 技术替换 CommitLog

首先我们要知道CommitLog是什么。CommitLog就是一个日志文件，Broker接收到消息后的第一步就是把消息写到这个日志文件中，具体的含义我们后续章节会讲解。

实际上Dledger自己就有一套CommitLog机制，如果使用了它，接收到消息后的第一步就是写入自己的CommitLog。

所以，引入Dledger技术其实就是使用Dledger的CommitLog来替换Broker自己的CommitLog日志文件。

6.2.2 Dledger 怎么选举 Leader

那接下来我们就来探索一下，Dledger是如何选举Leader的。实际上它是通过Raft协议来进行选举的，那Raft协议又是什么呢？

假设一组Broker中有三台机器，它们之间首先要选择一个Leader，这需要发起一轮一轮的投票，三台机器互相投票最终确定出Leader。

在刚刚启动的时候，这三台机器都会投给自己一票，说："我要当Leader，别跟老子抢。"然后把这条消息通知给其他机器。

为了方便说明，我们把三台机器分别命名为A、B、C。

那么经过第一轮投票后，A、B、C分别给自己投了一票，并通知给了别人，如图6.2所示。

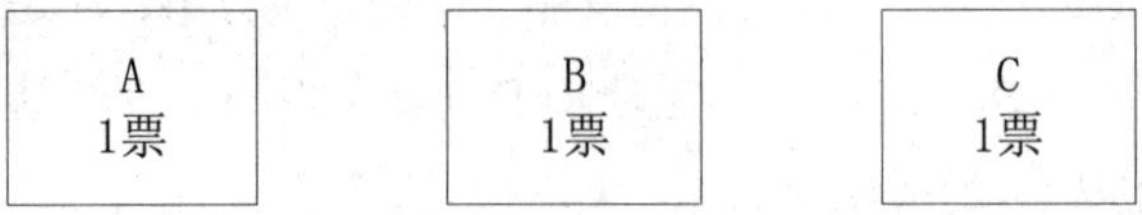

A	B	C
1票	1票	1票

图6.2　选举过程步骤1

这时A接到消息一看，每个人都投的自己，都很自私，那算了，这次投票直接无效。

接着，每个人开始一段随机时间的休眠，比如A休眠了3秒，B休眠了4秒，C休眠了5秒。

那么3秒过去了，A醒了，抓紧时间给自己投了一票，又通知给别人了，如图6.3所示。

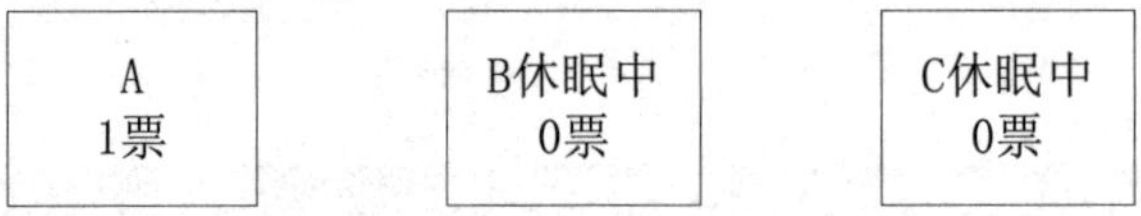

A	B休眠中	C休眠中
1票	0票	0票

图6.3　选举过程步骤2

又过了1秒，B醒了，它也想给自己投票，但是它发现已经有人发给了它消息，现在A已经有一票了，这时B会尊重别人的选择，也把票投给A，然后通知给别人，如图6.4所示。

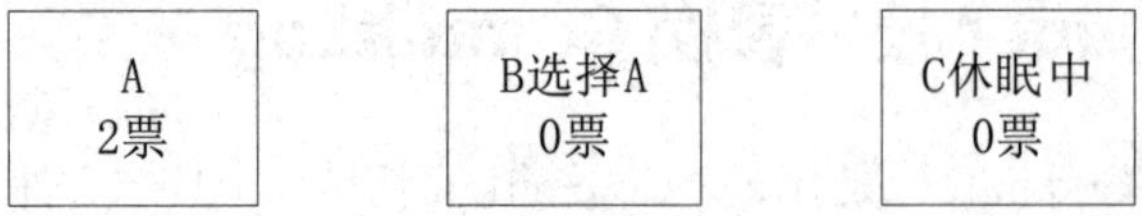

A	B选择A	C休眠中
2票	0票	0票

图6.4　选举过程步骤3

又过了1秒，C醒了，同样也想给自己投票，但是发现别人已经投了两票给A了，这时它也会直接尊重别人的选择，投票给A，然后通知给别人，如图6.5所示。

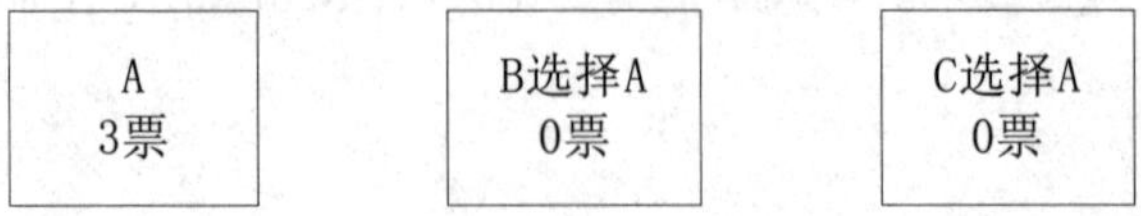

A	B选择A	C选择A
3票	0票	0票

图6.5　选举过程步骤4

这时所有人都收到了投票，全是投票给A的，那么A就光荣上岗了。

选举的时候谁的票数多，谁就去当老大。

这就是Raft协议中选举Leader的简单解释，总结起来就是，假如一轮投票不能得到结果，那就每个人随机休眠一下，先醒过来的投给自己，后醒过来的尊重大多数人的意见。

依靠这种方式的投票，几轮下来就能选出一个Leader了。

当然，职位越高，责任越大，选举出Leader后，所有的接收消息操作全都由Leader来负责了，Follower只能同步Leader的数据。

6.2.3　Dledger 的数据同步机制

现在我们了解了Dledger的投票选举机制，那么Broker接收到消息后，是如何基于Dledger实现数据同步的呢？

同样，Dledger也是通过Raft协议进行多副本同步的，简单来讲，数据同步分为两个阶段：uncommitted阶段和committed阶段。

首先，当Leader接到消息数据后，会先标记消息为uncommitted状态，然后通过Dledger的组件把uncommitted状态的消息发送给Follower上的DledgerServer。

接着Follower接到消息后，会发送一个ack给Leader上的DledgerServer，如果Leader发现超过半数的Follower已经给自己返回了ack，那么就认为同步成功了，这时把状态改为committed。

最后再发消息给Follower，将Follower上的状态也改为committed。

这就是基于Dledger的数据同步机制。

6.3　其他消息中间件的高可用

通过学习，相信大家已经对RocketMQ的基本原理有了一个比较深入的了解，那么大家对当前比较常用的RabbitMQ和Kafka是不是也有兴趣了解一些呢？

本章就跟大家聊一聊RabbitMQ和Kafka在处理高可用集群时的原理，看看它们与RocketMQ有什么不同。

6.3.1　RabbitMQ 的高可用

之前我们就介绍过，RabbitMQ是ActiveMQ一个很好的替代产品，它是基于主从实现的高可用集群，但它是非分布式的。

RabbitMQ一共有三种模式：单机模式、普通集群模式、镜像集群模式。

1. 单机模式

单机模式没什么可说的，自己开发练手玩玩就行，我们主要说一下两种集群模式的区别。

2. 普通集群模式

普通集群模式，其实就是将RabbitMQ部署到多台机器上，每个机器启动一个，它们之间进行消息通信。你创建的queue，只会放在一个RabbitMQ的实例上，其他的实例会同步queue的元数据（元数据里包含有queue的一些配置信息，通过元数据，可以找到queue所在的位置）。你消费的时候，实际上如果连接到了另外一个实例，那么那个实例会通过元数据定位到queue所在的位置，然后访问queue所在的实例，拉取数据过来发送给消费者。整体过程如图6.6所示。

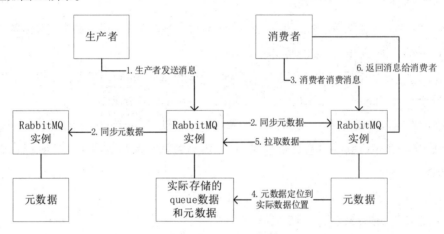

图6.6　普通集群模式

这种方式很麻烦，只是一个普通的集群，而且数据并没有副本，只存储在了一台机器上，只要真实存储数据的机器宕机，系统就会直接崩溃，因为没有数据可以获取了。

所以可以得出一个结论，这种模式的集群根本不能实现高可用，只能通过负载均衡提高一些MQ的吞吐量，生产环境下是不会使用的。

3. 镜像集群模式

那么真正用于生产环境，实现高可用的方式是什么呢？没错，就是接下来要说的镜像集群模式。

它和普通集群模式最大的区别在于，queue数据和原数据不再是单独存储在一台机器上，而是同时存储在多台机器上，也就是说每个RabbitMQ实例都有一份镜像数据（副本数据）。每次写入消息的时候都会自动把数据同步到多台实例上去，这样一旦其中一台机器发生故障，其他机器还有一份副本数据可以继续提供服务，也就实现了高可用。

整个过程如图6.7所示。

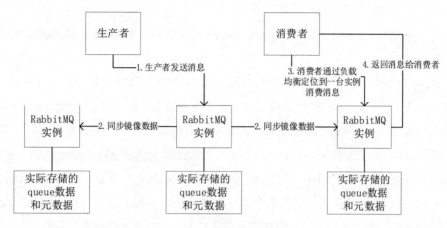

图6.7　镜像集群模式

那么如何开启镜像集群模式呢？

RabbitMQ是有强大的管理控制台的，通过管控台可以很容易地配置，具体操作自行百度，我们本节的目的是弄懂原理。

对于一般小型公司、小型项目来讲，这套架构已经可以支持了，但是对于海量大数据的要求，如果每台机器都要有一份镜像副本，而且相互之间还要不停地同步数据，它是很难支持的，因为它不是分布式的。所以我们还是使用RocketMQ。

6.3.2　Kafka 的高可用

再来聊聊Kafka的高可用，在聊高可用之前，我们先要简单了解下它的基本架构。

它是由多个Broker组成的，每个Broker都是一个节点，读者是不是想到了RocketMQ的Broker呢？当我们创建Topic的时候，这个Topic会划分成多个partition，每个partition又可以存在不同的Broker上，这里的每个partition都会放一部分数据，可以把它理解成一个分片。

由此可见，Kafka是一个天然的分布式消息队列，它的Topic是分成多个partition分布到多个Broker上存储的。

既然讲到这里，可能有很多小伙伴会好奇，RocketMQ的Topic是怎么存储的呢？难道RocketMQ的Topic就不会分片了吗？

答案是否定的，RocketMQ也是借鉴了Kafka分片存储的机制，引入了一个新的概念——ConsumeQueue用来代替partition，原来Kafka里面partition存储的是整个消息，但是现在ConsumeQueue里面是存储消息的存储地址，但是不存储消息了。现在每个ConsumeQueue存储的是每个消息在Commitlog这个文件的地址，但是消息存在于Commitlog中。也就是所有的消息体都写在了一个文件里面，每个ConsumeQueue只是存储这个消息在Commitlog中的地址。

好了，有关RocketMQ的原理我们之后再单独讲解，现在继续看Kafka的高可用实现。

Kafka 0.8版本以后，才正式开始支持高可用，它提供了HA机制，就是replica（复制品）副本机制。每个partition的数据都会同步到其他机器上，形成自己的多个replica 副本。所有replica会选举一个Leader出来，那么生产和消费都跟这个Leader打交道，然后其他replica 就是Follower。写的时候，Leader会负责把数据同步到所有Follower上去，读的时候就直接读Leader上的数据即可。只能读写Leader？很简单，要是你可以随意读写每个Follower，那么就要考虑数据一致性的问题，系统复杂度太高，很容易出问题。Kafka会均匀地将一个partition的所有replica分布在不同的机器上，这样才可以提高容错性。

Kafka的高可用原理如图6.8所示。

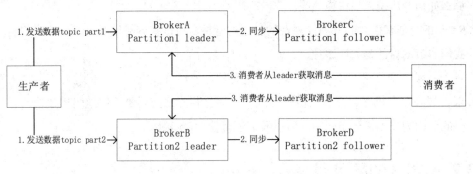

图6.8　Kafka的高可用原理

这样的一套架构下，Kafka就实现高可用了。因为如果某个Broker挂掉了，它的partition在其他Broker中都有副本。如果挂掉的Broker上有某个partition的Leader，那么此时会从Follower中重新选举一个新的Leader出来，大家继续读写那个新的Leader即可。这就有所谓的高可用性了。

写数据的时候，生产者就向Leader写数据，然后Leader将数据落地写本地磁盘，接着其他Follower自己主动从Leader来pull数据。一旦所有Follower同步好数据了，就会发送ack给Leader，Leader收到所有Follower的ack之后，就会返回写成功的消息给生产者。（当然，这只是其中一种模式，还可以适当调整这个行为。）

消费的时候，只会从Leader去读，但是只有当一个消息已经被所有Follower都同步成功返回ack的时候，这个消息才会被消费者读到。

6.4 实战——部署一个RocketMQ集群

本节我们将根据现有的知识，设计一个小规模的RocketMQ集群，并一起动手搭建出属于我们的第一个RocketMQ集群。

6.4.1 单机快速部署

首先新建一台CentOS7虚拟机，至少分配4GB的内存，并安装好jdk1.8、git、maven，到这里的操作本节不做演示，小伙伴们可以自行百度。

接着在虚拟机上执行如下git指令，获取Dledger源码。

```
git clone https://github.com/openmessaging/openmessaging-storage-dledger.git
```

然后进入项目目录，执行maven打包命令。

```
cd openmessaging-storage-dledger
mvn clean install -DskipTests
```

到这里Dledger就打包完成了，我们再去获取RocketMQ的源码，运行如下命令。

```
git clone https://github.com/apache/rocketmq.git
```

进入RocketMQ目录，执行下面的命令。

```
cd rocketmq
git checkout -b store_with_dledger origin/store_with_dledger
mvn -Prelease-all -DskipTests clean install -U
```

接着进入distribution/target/apache-rocketmq目录中，修改此目录中的三个文件，一个是bin/runserver.sh，一个是bin/runbroker.sh，另外一个是bin/tools.sh。

在里面找到如下三行。

```
[ ! -e "$JAVA_HOME/bin/java" ] && JAVA_HOME=$HOME/jdk/java
[ ! -e "$JAVA_HOME/bin/java" ] && JAVA_HOME=/usr/java
[ ! -e "$JAVA_HOME/bin/java" ] && error_exit "Please set the JAVA_HOME variable in your environment, We need java(x64)!"
```

然后将第二行和第三行都删除，同时将第一行的值修改为自己JDK的主目录。

接着执行下面的命令进行快速RocketMQ集群启动。

```
sh bin/dledger/fast-try.sh start
```

执行后会启动一个NameServer和三个Broker，三个Broker中包含一个Master和两个Slave，这样就快速构建出了一个简单的RocketMQ集群，使用下面的命令可以查看Broker情况。

```
sh bin/mqadmin clusterList -n 127.0.0.1:9876
```

如果集群启动正常，我们会看到如图6.9所示的内容。

图6.9　RocketMQ集群启动情况

可以看到已经启动了三台Broker，BID为0代表的是Master节点。我们可以测试一下Master节点故障后的自动切换情况，使用lsof -i:30911查看占用30911端口的PID，然后使用kill -9 <PID>杀死进程。

大约过了10秒钟之后，我们再通过之前的命令查看一下集群状况，会看到BID为0的Broker还存在着，这就说明Broker自动实现了主从的切换。

6.4.2　使用三台机器部署 NameServer

刚刚我们已经通过一台机器体验了一个RocketMQ的集群，现在我们就用三台虚拟机构建一个模仿真实环境的集群。

首先准备三台CentOS 7的虚拟机，并在虚拟机中准备好6.4.1节中的环境，一直做到修改完distribution/target/apache-rocketmq目录中的三个文件那一步。另外说明一点，git获取源码只在一台机器上操作就可以了，我们只要把maven打包后的apache-rocketmq文件夹内容复制到三台机器中就可以了，当然你也可以选择clone你的虚拟机，这里就随便大家怎么操作了。

然后在三台机器上都运行如下命令，就可以启动NameServer了。

```
nohup sh mqnamesrv &
```

这个NameServer监听的接口默认就是9876。

6.4.3　使用三台机器部署 Broker

接下来就要准备一主两从的Broker集群了，这个启动也很容易，执行如下命令即可。

```
nohup sh bin/mqbroker -c conf/dledger/broker-n0.conf &
```

不过要说明的是，我们在执行命令之前要对这个broker-n0.conf配置文件进行修改，这里面的主要内容如下。

```
# 这个是集群的名称，整个broker集群都可以用这个名称
brokerClusterName = RaftCluster

# 这是Broker的名称，比如你有一个Master和两个Slave，那么它们的Broker名称必
须是一样的，因为它们三个是一个分组，如果你有另外一组Master和两个Slave，你可以
给它们起个别的名字，比如说RaftNode01
brokerName=RaftNode00

# 这个就是你的Broker监听的端口号，如果每台机器上就部署一个Broker，可以考虑就
用这个端口号，不用修改
listenPort=30911

# 这里是配置NameServer的地址，如果你有很多个NameServer的话，可以在这里写入
多个NameServer的地址
namesrvAddr=127.0.0.1:9876

# 下面两个目录是存放Broker数据的地方，你可以换成别的目录，类似于/usr/local/
rocketmq/node00之类的
storePathRootDir=/tmp/rmqstore/node00
storePathCommitLog=/tmp/rmqstore/node00/commitlog

# 这个是非常关键的一个配置，就是是否启用DLedger技术，这个必须是true
enableDLedgerCommitLog=true

# 这个一般建议和Broker名字保持一致，一个Master加两个Slave会组成一个Group
dLedgerGroup=RaftNode00

# 这个很关键，对于每一组Broker，你得保证它们的这个配置是一样的，在这里要写出
来一个组里有哪几个Broker，比如在这里假设有三台机器部署了Broker，要让它们作为
一个组，那么在这里就得写入它们三个的IP地址和监听的端口号
dLedgerPeers=n0-127.0.0.1:40911;n1-
127.0.0.1:40912;n2-127.0.0.1:40913

# 这个是代表了一个Broker在组里的id，一般就是n0、n1、n2之类，要与上面的
dLedgerPeers中的n0、n1、n2相匹配
dLedgerSelfId=n0
```

```
# 这个是发送消息的线程数量，一般建议你配置成跟你的CPU核数一样，比如我们的机器
假设是24核的，那么这里就修改成24核
sendMessageThreadPoolNums=24
```

读者注意，这里面的配置要根据实际情况修改，不能直接拿过去用哦。

修改好配置文件，分别在三台机器上使用命令启动好三个Broker就可以了，然后我们可以通过sh bin/mqadmin clusterList -n 127.0.0.1:9876命令查看Broker集群的情况。

到这里就和我们单机快速部署的时候一样了。

6.4.4 补充说明实践中的问题

在6.4节结束前，笔者觉得有必要补充一下实际操作中遇到的坑，避免读者遇到同样的问题后无从下手。

先说明一下问题出现的原因。当我们使用git获取Dledger源码和RocketMQ源码，并使用Maven打包的时候，如果使用CentOS7的虚拟机执行，是不会出现这个问题的。但可能我们本地的Windows系统有现成的git和maven环境，所以就会想使用Windows打包后，把文件复制到虚拟机中，如果你也这样操作，在执行sh bin/dledger/fast-try.sh start时就会出现奇怪的问题，无法正常执行。

这是因为.sh文件中每行的后边都多了一个"^M"导致的，"^M"是Windows的DOS文件格式特有的换行符，在Linux上你可以通过"vi -b 文件名"看到这些隐藏字符。

我们可以使用如下命令，修复这个问题。

```
sed -i 's/\r//g' 'grep \r -rl  bin/'
```

意思就是去掉bin目录下所有的"^M"。

修复后就可以正常启动RocketMQ集群了。

6.5 实战——RocketMQ的可视化监控管理

现在我们已经知道如何部署一个RocketMQ集群了，那如何监控RocketMQ集群的各种性能指标呢？了解这些指标有助于优化集群的性能。本节我们就一起动手来搭建一下RocketMQ的可视化监控管理工具。

6.5.1　部署可视化监控工具

首先我们在本机的Windows系统中执行如下命令，获取工作台的源码。

```
git clone https://github.com/apache/rocketmq-externals.git
```

然后进入rocketmq-console的目录，执行以下命令对rocketmq-console进行打包，把它做成一个jar包。

```
mvn package -DskipTests
```

执行命令后会在target目录中生成rocketmq-console-ng-2.0.0.jar文件，我们把它复制到虚拟机中，按如下命令执行jar包：

注意：执行命令前要确保nameServer已经启动，如果启动了多个，可以都配置到命令中。

```
java -jar rocketmq-console-ng-2.0.0.jar --server,port=8080
--rocketmq.config.namesrvAddr=127.0.0.1:9876
```

成功启动后，我们访问8080端口就可以看到可视化窗口了。

6.5.2　如何使用控制台

RocketMQ的控制台还是比较完善的，打开后的页面如图6.10所示。

首先我们在右上角的ChangeLanguage中修改语言为简体中文，在这个页面中可以按时间条件查看一些Broker和Topic的负载情况。

我们打开集群导航，可以查看集群的状态，内容还是比较详细的，如图6.11所示。

另外，可以通过单击状态按钮查看集群更详细的状态信息，单击配置按钮可以查看各种配置信息。

打开主题导航页，可以查看到Topic的情况，并进行管理，如图6.12所示。

单击消费者和生产者导航，可以管理消费者和生产者的有关信息。消息和消息轨迹导航可以对消息的情况进行查询。

控制台的大体功能就是这样了，查看监控信息还是很方便的。

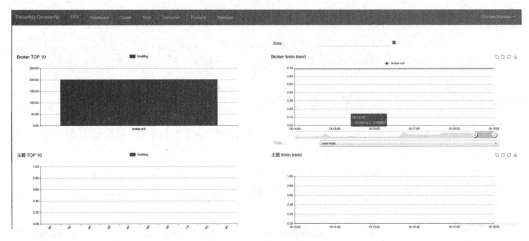

图6.10　RocketMQ控制台

图6.11　RocketMQ控制台集群

图6.12　RocketMQ控制台主题

6.6　实战——RocketMQ的生产环境参数调整

现在我们已经有了一个简单的RocketMQ集群，应对一些简单的业务直接使用就可以了，但那样并不能真正发挥这个集群的全部性能，为了更好地发挥出集群的性能，需要合理地调整参数。本节我们就一起探讨一下如何进行参数的调整。

6.6.1 OS 内核参数调整

这里的OS内核指的是Linux操作系统的内核参数，一般情况下需要根据具体情况修改如下四个参数。

注意：以下参数的默认值只针对当前CentOS 7系统，不同操作系统可能有所差异。

（1）vm.overcommit_memory。

这个参数有三个可选的值"0, 1, 2"，默认为0。

0表示中间件申请内存时，OS会检查内存是否足够，如果不够会拒绝申请，使中间件报错。

1表示中间件申请内存时，OS会把所有物理内存分配出来，不管内存的状态如何。

2表示中间件申请内存时，OS允许分配超过物理内存和交换空间总和的内存。

我们一般设置为1即可，使用如下命令设置。

```
echo 'vm.overcommit_memory=1' >> /etc/sysctl.conf
sysctl -p
```

（2）vm.max_map_count。

这个参数限制一个进程可以拥有的VMA（虚拟内存区域）的数量，默认值为65 530。

它会限制了中间件的可最大线程数，对于消息中间件的服务器，我们可以把它调高一点，改为655 300，使用如下命令设置。

```
echo 'vm.max_map_count=655300' >> /etc/sysctl.conf
sysctl -p
```

（3）vm.swappiness。

这个参数的值对如何使用swap分区有着很大的联系，默认为30或60。

0代表尽可能地使用物理内存。

100代表尽可能地使用swap分区。

对于我们的服务器建议调低一些，设置为10即可。

```
echo 'vm.swappiness=10' >> /etc/sysctl.conf
sysctl -p
```

（4）ulimit。

这个参数是用来控制文件最大链接数的，默认值为1024。

一般1024是不够用的，因为大量读写磁盘和网络通信的时候都会与它有关，我们可以给它设置得大一些，命令如下。

```
echo 'ulimit -n 1000000' >> /etc/profile
source /etc/profile
```

6.6.2 JVM 参数调整

JVM的默认参数已经被设置在了启动脚本中，我们就以runbroker.sh为例，打开后可以看到如图6.13所示的JVM参数配置。

```
#======================================================================================
# JVM Configuration
JAVA_OPT="${JAVA_OPT} -server -Xms8g -Xmx8g -Xmn4g"
JAVA_OPT="${JAVA_OPT} -XX:+UseG1GC -XX:G1HeapRegionSize=16m -XX:G1ReservePercent=25 -XX:InitiatingHeapOccupancyPercent=30 -XX:SoftRefLRUPolicyMSPerMB=0"
JAVA_OPT="${JAVA_OPT} -verbose:gc -Xloggc:/dev/shm/mq_gc_%p.log -XX:+PrintGCDetails -XX:+PrintGCDateStamps -XX:+PrintGCApplicationStoppedTime -XX:+PrintAdaptiveSizePolicy"
JAVA_OPT="${JAVA_OPT} -XX:+UseGCLogFileRotation -XX:NumberOfGCLogFiles=5 -XX:GCLogFileSize=30m"
JAVA_OPT="${JAVA_OPT} -XX:-OmitStackTraceInFastThrow"
JAVA_OPT="${JAVA_OPT} -XX:+AlwaysPreTouch"
JAVA_OPT="${JAVA_OPT} -XX:MaxDirectMemorySize=15g"
JAVA_OPT="${JAVA_OPT} -XX:-UseLargePages -XX:-UseBiasedLocking"
JAVA_OPT="${JAVA_OPT} -Djava.ext.dirs=${JAVA_HOME}/jre/lib/ext:${BASE_DIR}/lib"
#JAVA_OPT="${JAVA_OPT} -Xdebug -Xrunjdwp:transport=dt_socket,address=9555,server=y,suspend=n"
JAVA_OPT="${JAVA_OPT} ${JAVA_OPT_EXT}"
JAVA_OPT="${JAVA_OPT} -cp ${CLASSPATH}"
```

图6.13　JVM默认配置

如果大家对JVM调优不是很熟悉的话，不建议过多地修改默认参数，修改如下参数即可。

```
-Xms8g -Xmx8g -Xmn4g
```

这部分参数内容的意思是设置堆内存的大小和新生代的大小，我们应该根据具体服务器的内存大小来配置。

当然，如果你熟悉JVM调优，就可以看出RocketMQ默认使用的是G1垃圾回收器，你可以根据自己的知识去合理调优JVM的性能，这里就不做介绍了。

6.6.3 RocketMQ 参数调整

接下来我们还需要修改一处参数，在/conf/dledger/文件夹下可以看到broker-*.conf文件，打开后会看到sendMessageThreadPoolNums=16这个参数，它的意思是RocketMQ内部用来发送消息的线程池的线程数量，默认是16。

这个参数可以按照CPU的核数来适当修改，比如24核CPU可以把它设置成24或30。

RocketMQ中需要修改的参数其实不止一个，我们会在后续的章节中接触到这些参数，到时再来分析如何优化和调整。

6.7　小结

学过本章，我们对RocketMQ的高可用机制有了一个比较详细的认识，现在你应该可以说出Broker的自动主从切换是如何实现的了，同时也可以向他人讲出高可用方面RocketMQ与RabbitMQ、Kafka的区别。

然后我们又一起动手实战部署了自己的RocketMQ集群。

作业：对于本章的实战内容，希望读者能够动手操作一番，并自己编写生产者和消费者的代码，来测试一下RocketMQ的消息生产与发送情况。

第 7 章

生产者与消费者

本章我们开始研究RocketMQ的生产者与消费者，理解生产消息和消费消息的底层原理，并对Broker的持久化方式有一个清晰的认识。

本章主要涉及的知识点如下。

- 理解生产者和消费者的底层原理。
- 理解Broker的持久化方式。
- 实战：RocketMQ的集群压测。

7.1　发送模式与消费模式

通过之前的学习，我们已经对RocketMQ的基本架构有了初步的了解，本节就和大家一起来看看RocketMQ的几种发送模式和消费模式。

7.1.1　RocketMQ 的发送模式

RocketMQ的发送模式一共有三种：同步发送、异步发送和单向发送，我们分别来看一下。

（1）同步发送。

我们先来看一段同步发送的生产者代码。

```
import com.alibaba.rocketmq.client.exception.MQClientException;
import com.alibaba.rocketmq.client.producer.DefaultMQProducer;
import com.alibaba.rocketmq.client.producer.SendResult;
import com.alibaba.rocketmq.common.message.Message;
import com.alibaba.rocketmq.remoting.common.RemotingHelper;

public class RocketMQProducer {
    // RocketMQ的生产者类
    private static DefaultMQProducer producer;
    static {
        // 构建生产者对象，指定生产组
        producer=new DefaultMQProducer("test_group");
        // 设置NameServer的地址，拉取路由信息
        producer.setNamesrvAddr("192.168.220.112:9876");
        try {
            // 启动生产者
            producer.start();
        } catch (MQClientException e) {
            e.printStackTrace();
        }
```

```
    }
    public static void send(String topic,String message) throws Exception {
        // 构建消息对象
        Message msg=new Message(topic,
                "",//这里存放的Tag，我们之后会讲解
                message.getBytes(RemotingHelper.DEFAULT_CHARSET));
        SendResult send = producer.send(msg);
        System.out.println(send);
    }

    public static void main(String[] args) {
        try {
            send("test","hello world!");
        } catch (Exception e) {
            e.printStackTrace();
        }
    }
}
```

上面的代码片段就是生产者发送消息到RocketMQ里去的代码，其实这种方式就是所谓的同步发送消息到MQ。

那么什么叫"同步发送消息到MQ里去"？所谓同步，就是通过SendResult = producer.send(msg)这行代码发送消息到MQ中，然后会卡在这里，代码不能往下走了。你要一直等待MQ返回一个结果，拿到了结果之后，程序才会继续向下运行。

这就是所谓的同步发送模式。

（2）异步发送。

接着我们来看一下异步发送的代码。

```
import com.alibaba.rocketmq.client.exception.MQClientException;
import com.alibaba.rocketmq.client.producer.DefaultMQProducer;
import com.alibaba.rocketmq.client.producer.SendCallback;
import com.alibaba.rocketmq.client.producer.SendResult;
import com.alibaba.rocketmq.common.message.Message;
import com.alibaba.rocketmq.remoting.common.RemotingHelper;

public class RocketMQProducer {
    // RocketMQ的生产者类
    private static DefaultMQProducer producer;
    static {
        // 构建生产者对象，指定生产组
        producer=new DefaultMQProducer("test_group");
        // 设置NameServer的地址，拉取路由信息
        producer.setNamesrvAddr("192.168.220.112:9876");
```

```
    try {
        // 启动生产者
        producer.start();
    } catch (MQClientException e) {
        e.printStackTrace();
    }
    // 设置异步发送失败的时候不重试
    producer.setRetryTimesWhenSendAsyncFailed(0);
}
public static void send(String topic,String message) throws Exception {
    // 构建消息对象
    Message msg=new Message(topic,
            "",//这里存放的Tag 我们之后会讲解
            message.getBytes(RemotingHelper.DEFAULT_CHARSET));
    producer.send(msg, new SendCallback() {
        public void onSuccess(SendResult sendResult) {
            System.out.println(sendResult);
        }
        public void onException(Throwable throwable) {
            System.out.println(throwable);
        }
    });

}

public static void main(String[] args) {
    try {
        send("test","hello world!");
    } catch (Exception e) {
        e.printStackTrace();
    }
}
}
```

意思就是消息发送后，代码继续向下运行，等到MQ返回结果的时候，如果返回成功，就会调用回调函数onSuccess方法，返回失败就会调用onException方法。

这就是异步发送，它的特点是不会阻塞程序，消息返回结果后再调用回调函数。

（3）单向发送。

还有一种发送方式叫做单向发送，那么什么是单向发送呢？代码如下。

```
producer.sendOneway(msg);
```

它的意思是生产者发送消息给MQ，发送后程序继续向下运行，不会阻塞，而且不会再管MQ的返回值，也就是说发送过后就不关它的事了。

RocketMQ的发送方式就介绍到这里，关于具体的使用场景我们之后的章节再讨论，现在只要清楚有这些方式就可以了。

7.1.2 RocketMQ 的消费模式

RocketMQ的消费模式有两种：Push消费和Pull消费。

（1）Push消费。

我们来看一下Push消费的代码。

```
import com.alibaba.rocketmq.client.consumer.DefaultMQPushConsumer;
import com.alibaba.rocketmq.client.consumer.listener.
ConsumeConcurrentlyContext;
import com.alibaba.rocketmq.client.consumer.listener.
ConsumeConcurrentlyStatus;
import com.alibaba.rocketmq.client.consumer.listener.
MessageListenerConcurrently;
import com.alibaba.rocketmq.client.exception.MQClientException;
import com.alibaba.rocketmq.common.message.MessageExt;

import java.io.UnsupportedEncodingException;
import java.util.List;

import static com.alibaba.rocketmq.remoting.common.RemotingHelper.
DEFAULT_CHARSET;

public class RocketMQConsumer {
    public static void main(String[] args) throws
MQClientException {
        // 创建push消费者实例，指定消费者组
        DefaultMQPushConsumer consumer = new
DefaultMQPushConsumer("test_group");
        // 设置NameServer的地址，拉取路由信息
        consumer.setNamesrvAddr("192.168.220.112:9876");
        // 订阅test Topic，第二个参数是Tag
        consumer.subscribe("test",null);
        // 注册消费者监听器，接收到消息就会调用这个方法
        consumer.registerMessageListener(new
MessageListenerConcurrently() {
            public ConsumeConcurrentlyStatus consumeMessage(List
<MessageExt> msgs, ConsumeConcurrentlyContext context) {
                // 在这里进行消息的处理
                for (MessageExt t : msgs) {
                    try {
                        System.out.println(new String(t.getBody(),
```

```
DEFAULT_CHARSET));
                    } catch (UnsupportedEncodingException e) {
                        e.printStackTrace();
                    }
                }
                return ConsumeConcurrentlyStatus.CONSUME_SUCCESS;
            }
        });
        // 启动消费者实例
        consumer.start();
        System.out.println("----------Consumer Start----------");
    }
}
```

大家注意里面Consumer的类名：DefaultMQPushConsumer。

从类名中我们可以提取出来一个关键的信息：Push。其实从这里就能看出来，当前使用的消息消费实际上是Push模式。

那么什么是Push消费模式呢？简单来讲就是Broker会主动把消息发送给你的消费者，你的消费者是被动地接收Broker推送过来的消息，然后进行处理。这个就是所谓的Push模式，意思就是Broker主动推送消息给消费者。

（2）Pull消费。

Pull消费的代码比较复杂，且一般不会使用这种方式，所以我们只需简单理解就可以了。

Pull消费理解起来也很容易，就是Broker不再主动推送消息给消费者了，而是消费者主动发送请求从Broker中拉取消息。

至于什么时候用Push模式，什么时候用Pull模式，我们以后再聊这个话题。

7.2　生产者发送消息的底层原理

之前我们已经简单地聊过了生产者是如何发送消息给Broker的，现在简单回顾一下这个过程。

生产者首先声明一个Topic，然后为了把消息存到对应的Topic中，先从NameServer拉取注册信息获取到Topic存放在哪个Broker中，然后就可以访问对应的Broker发送消息了。

大体流程就是这样，那么这个过程中具体都发生了什么呢？本节就和大家深入地探讨一下这其中的奥秘。

7.2.1 什么是 MessageQueue

要弄明白生产者发送消息的原理，先要理解什么是MessageQueue。

在生产者声明Topic的时候，是要指定一个关键的参数的，即MessageQueue，就是指定了你的Topic里面包含几个MessageQueue。

那这个MessageQueue是做什么用的呢？它直接翻译过来就是消息队列，可以理解成一个Topic对应多个MessageQueue，然后把消息存放到Topic下的消息队列中。

其实，Topic、MessageQueue、Broker之间是有关联的。现在假设我们有一个Topic，指定了它有4个MessageQueue，那么这个Topic在分布式的Broker中是如何存储的呢？

前面我们就聊过，Topic的数据是分布式存储在多个Broker中的，如图7.1所示。

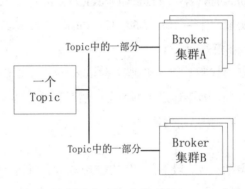

图7.1　Topic的存储

Topic中的一部分数据是通过什么渠道存储在不同的Broker集群中的呢？相信读者都猜到了，就是通过MessageQueue，本质上来讲就是一个数据分片的机制。

假设Topic中有1万条数据，那么可能会平均分布到4个MessageQueue中分片存储（这里不是绝对的，可以根据消息写入的策略来定）。

那么这4个MessageQueue又是怎么存储在Broker上的呢？

很有可能就是每个Broker上存放两个MessageQueue，所以MessageQueue是RocketMQ中非常关键的数据分片机制，实现了Topic数据的分布式存储。

7.2.2 生产者发送消息存入哪个 MessageQueue

接下来我们思考一下，生产者发送消息的时候是如何确定存入哪个MessageQueue呢？

之前说过，存放消息之前会从NameServer中拉取元数据，在元数据中生产者可以知道Topic有几个MessageQueue，每个MessageQueue存放在哪个Broker集群上。

既然生产者知道了这些信息，我们暂时就认为生产者会把消息均匀地发送给当前Topic下的所有MessageQueue中。比如一共20条消息，4个MessageQueue，那么每个MessageQueue中就存放5条消息。至于其他的存放策略，我们在之后的文章再仔细探讨。

通过这样的方式，生产者发送消息的请求就可以分布在多台的Broker上，那假设每台Broker都可以抗下10万并发，两个Broker就可以抗下20万的并发。

同时，因为我们的消息数据是分片式存储在多个MessageQueue中的，MessageQueue又分布在多个Broker集群中，这样就可以保证RocketMQ存储海量消息了。

7.2.3　如果Broker发生故障怎么办

对于Broker发生故障这一问题，我们之前已经讲过了，读者可以回顾一下Broker的主从架构。其主要使用的是4.5版本后的Dledger自动化切换主从的集群，当Master Broker挂掉后是可以自动实现Slave到Master的转变的。

那么这里为什么还要谈这个问题呢？

读者想一下，如果Master Broker挂掉了，要实现主从切换这一过程是需要时间的。那么在切换的过程中，如果我们的生产者仍然发送消息过来，并且定位到了这台挂掉的Master Broker，不就无法正常地写入数据了吗？

如果我们还是按照之前说的平均分发消息到Message Queue，那么就会导致一段时间内访问到故障Broker上时全部是失败的。对于这个问题，我们可以在生产者中开启一个开关：sendLatencyFaultEnable=true。一旦开启这个开关，它有个自动容错机制。

比如访问Broker时发现Broker响应超时或返回错误，那么在之后的一段时间里，就不会再去访问这个Broker集群了。这样的话，当Broker发生故障，一段时间内生产者就不会频繁地访问这个发生异常的Broker集群了，过段时间后再去访问。可能这个时候我们的主从切换已经结束了，这样再次访问的时候就正常了。

7.3　Broker的持久化

7.2节我们讨论了RocketMQ生产者发送消息的底层原理，本节接着这个话题，继续深入聊一聊RocketMQ的Broker是如何持久化的。

Broker的持久化对于整个RocketMQ的运行起着至关重要的作用，为什么这么说呢？其实解释起来很容易，因为消息中间件要实现的功能不仅仅是消息的发送和接收，它本身还要有很强大的存储能力，把来自各个系统的消息持久化到磁盘上。只有这样，在其他系统消费消息时才能从磁盘中读取想要的消息。

如果不持久化到磁盘上，而是通过内存存储消息，问题一是内存无法存储大量的消息，二是出现故障消息将会丢失。

所以，Broker的持久化是比较核心的机制，它决定了MQ消息吞吐量和保证消息的可靠性。

7.3.1 CommitLog

首先我们思考一下，当Broker接收到生产者发来的消息后，内部会做些什么呢？

这时候我们就引入了一个新的概念CommitLog，它是一个日志文件。Broker接收到消息后的第一步就是把消息写到这个日志文件中，而且是顺序写入的。

那么CommitLog文件是怎么存储的呢？它可不是直接以一个日志文件进行存储的，而是分成很多份存储在磁盘中，每一份限定为最大1GB。

当Broker接收到新的消息时就会顺序地追加到日志文件的末尾，而当文件大小到了1GB，就会新创建一个日志文件，新的消息写入新的日志文件，循环往复，如图7.2所示。

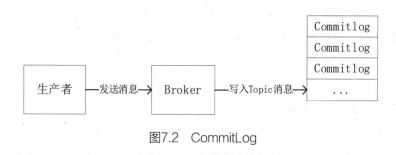

图7.2　CommitLog

7.3.2 MessageQueue 是如何存储的

刚才我们说了，Broker接收到消息后要把消息存储到日志文件中，那么MessageQueue又是如何存储的呢？

这时我们又引出了一个新的概念：ConsumeQueue文件，每个MessageQueue会存储到多个ConsumeQueue文件中。

再给大家更详细地说一下，其实Broker的磁盘上是有类似$HOME/store/consumequeue/{topic}/{queueid}/{filename}这样的目录的。这里面的{topic}代表的就是声明的Topic，{queueid}代表的就是单个的MessageQueue，而{filename}就是存储文件的多个ConsumeQueue

文件了。在ConsumeQueue文件中其实存储的是一条消息对应在CommitLog中的offset（偏移量）。

这么说大家可能不太理解，看一下图7.3我们就更清楚了。

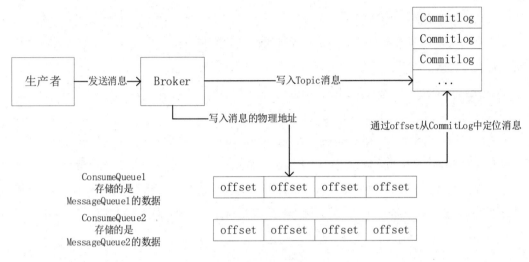

图7.3　MessageQueue

现在我们假设生产者发送了一个消息到一个Topic中，这个Topic的名字叫orderTopic，并指定了它有两个MessageQueue：MessageQueue1、MessageQueue2。

那么Broker接收到消息后，首先把数据存放到了CommitLog中。

然后每个MessageQueue对应了一个ConsumeQueue（实际可以是多个），对应的是ConsumeQueue1、ConsumeQueue2。

那么现在在Broker的磁盘上就有了两个路径文件：

$HOME/store/consumequeue/orderTopic/MessageQueue1/ConsumeQueue1；

$HOME/store/consumequeue/orderTopic/MessageQueue2/ConsumeQueue2。

然后在写入CommitLog文件后，会同时将消息在CommitLog文件中的位置（偏移量offset）写入对应的ConsumeQueue中。

所以，ConsumeQueue中存储的其实是消息的引用地址，同时还会存储消息的tag、hashcode及消息的长度。

当获取消息的时候就可以通过ConsumeQueue中的引用地址去CommitLog中找到我们想要的消息了。

7.3.3 写入 CommitLog 的性能探索

接下来我们聊下一个话题，当Broker获取到消息写入CommitLog中时，是如何保证写入性能的呢？

为什么要优化写入的性能呢？因为这一步骤的写入性能直接影响着Broker的吞吐量。如果每次写入消息速度很慢，那么每秒能处理的消息数量自然就会大大减少了，这个相信大家都可以理解。

那么RocketMQ针对这一步骤是怎么做的呢？实际上，它采用了OS操作系统的PageCache和顺序写两个机制，来提升写入CommitLog的性能。

首先我们之前就聊过了，Broker在写入CommitLog时，采用的是顺序写入的方式，每次只要在文件的末尾追加写入数据就可以了，这样的方式要比随机写入的方式性能提升不少。

另外，其实写入CommitLog日志时，并不是直接将数据写入磁盘文件中，而是先写入OS操作系统的PageCache中，然后由OS操作系统的后台线程选择时间，异步化地把PageCache中的数据同步到物理磁盘中。

所以通过顺序写+写入PageCache+异步刷盘优化过后，其实写入CommitLog的性能甚至可以和直接写入内存相媲美。也正因如此，才保证了Broker的高吞吐量。

7.3.4 同步刷盘和异步刷盘

刚才我们聊到的就是异步刷盘的策略，Broker在写入OS的PageCache之后，就直接返回给生产者ack了。

这样，生产者就会认为我的消息已经成功发送给了Broker。那么这样的策略是否会存在问题呢？

其实简单想一想就会明白，问题肯定是存在的。因为OS操作系统的PageCache也是一种缓存，如果写入了缓存，就认为发送成功没有问题了，那一旦缓存还没来得及刷新到物理磁盘，这时Broker挂掉了，会发生什么呢？当然，这时缓存中的消息数据就会丢失，无法恢复！

所以说技术的选择上是有舍有得的，如果选择了异步刷盘的策略，就会大大提高Broker的吞吐量，但同时也会有丢失消息的隐患。

那么什么是同步刷盘策略呢？

其实同步刷盘就是跳过了PageCache这一步骤，当生产者发送消息给Broker后，Broker必须把数据存到真实的物理磁盘中之后才会返回ack给生产者，这时生产者才会断定消息发送成功了。

消息一旦写入物理磁盘，除非是磁盘硬件损坏，导致数据丢失，否则我们就可以认为消息是不会丢失的了。

在同步刷盘策略下，假如没有刷到物理磁盘上时Broker挂掉了，这时是不会返回ack给生产者的，那么生产者会认为发送失败，进行消息重发机制就可以了。

当主从切换完成后，消息就会正常地写入Broker了，所以这种策略是可以保证消息不会丢失的。

还是那句话，技术的选择是有舍有得的，使用同步刷盘策略保证了消息的可靠性，但同时会降低Broker的吞吐量。所以具体选择哪种策略，还要根据实际的业务需求来定夺。

7.4　消费者获取消息的底层原理

本节我们一起来研究一下消费者获取消息的底层原理。

7.4.1　消费者组

首先我们了解一个概念，什么是消费者组。消费者组可以把它理解为，给一组消费者起一个名字。

假设我们有一个订单Topic名字是OrderTopic，然后库存系统和积分系统都要消费这个Topic中的数据，我们分别给库存系统和积分系统起一个消费组名字：stock_consumer_group、score_consumer_group。

设置消费者组名字是在代码中实现的，如下所示。

```
DefaultMQPushConsumer consumer = new DefaultMQPushConsumer("stock_
consumer_group");
```

比如我们的库存系统提供了两台机器，每台机器上的消费者组名字都是stock_consumer_group，那么这两台机器就是一个消费者组，如图7.4所示。

大体结构如图7.4所示，那么当订单系统发送消息到OrderTopic中后，库存系统和积分系统是如何进行消费的呢？

默认情况下，这条消息发送到Broker后，库存系统和积分系统都会拉取这条消息，而且库存系统的两台机器中只有一台会消费到这条消息，积分系统也一样。

这就是消费组的概念，不同的系统设置不同的消费组，如果不同的消费组订阅了同一个Topic，那么对于Topic中的一条消息，每个消费组都会获取到这条消息。

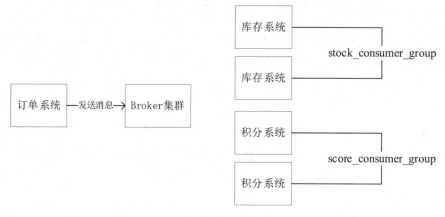

图7.4　消费者组

7.4.2　集群模式和广播模式

接下来我们思考一个问题，对于消费者组而言，当它获取到一条消息后，假设消费者组内有多台机器，那么到底是只有一台机器获取到消息，还是所有机器都获取到消息呢？

这其实是消费的两种模式，即集群模式和广播模式。

默认情况下我们都是使用的集群模式，也就是说消费者组收到消息后，只有其中的一台机器会接收到消息。

我们可以手动指定为广播模式。

```
consumer.setMessageModel(MessageModel.BROADCASTING)
```

指定为广播模式后，消费者组内的每台机器都会收到这条消息。

具体要根据业务场景选择消费模式。

7.4.3　MessageQueue 与消费者的关系

我们接着想一下，对于一个Topic下的多个MessageQueue，消费者组中的多台机器是如何消费的呢？

这部分内容底层实现是很复杂的，我们可以简单地理解为，它会均匀地将多个MessageQueue分配给消费者组中的多台机器消费。

举个例子，假如我们的OrderTopic有四个MessageQueue，这四个MessageQueue分布在两台MasterBroker上，每个MasterBroker上有两个MessageQueue。

库存系统作为一个消费者组有两台机器，那么最好的分配方式就是每台消费者机器负责两个MessageQueue，这样就实现了机器的负载消费，示意图如图7.5所示。

所以我们可以大致认为，一个Topic中的多个MessageQueue会被均匀地分布给一个消费者组中的多台机器进行消费，这里要注意一点，一个MessageQueue只能被一台消费者机器消费，但是一台消费者机器可以同时负责处理多个MessageQueue。

那么当消费者组中的机器数量发生变化时，是怎么处理的呢？机器数量发生变化一般就两种情况，一种是有机器宕机，另一种是增加机器进行集群扩容。

其实这种情况下是会进行rebalance环节的，也就是会重新分配每个消费者机器要处理的MessageQueue。

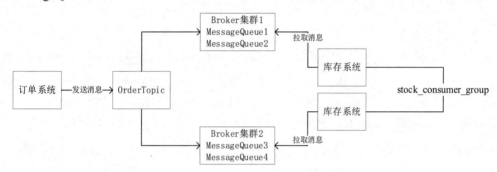

图7.5　MessageQueue与消费者

7.4.4　Push 模式和 Pull 模式

之前在讨论生产者的发送模式和消费模式时，我们已经用代码说明了消费者的两种消费模式：Push和Pull，当时只提供了Push消费的代码，而没有提供Pull消费的代码。其实这两种模式本质上是一样的，都是消费者主动发出请求到Broker上拉取消息。

Push模式的底层也是通过消费者主动拉取的方式来实现的，只不过它的名字叫Push而已，意思是Broker尽可能实时地推送消息给消费者。

我们一般在使用RocketMQ的时候，消费模式基本都是使用的Push模式，因为Pull模式使用起来代码特别复杂，而且Push模式的底层还是Pull模式，只是对时效性有了更好的支持。

Push模式大体实现思路是这样的：当消费者发送请求到Broker拉取消息的时候，如果有新的消息可以消费，会立马返回消息到消费者进行消费，消费后会接着发送请求到Broker拉取消息。

也就是说Push模式下，处理完一批消息后会直接再发送请求给Broker拉取下一批消息，所以时效性更好，看起来就像是Broker在实时推送消息。

当请求发送到Broker发现没有需要消费的消息时，就会让请求线程挂起，默认挂起15秒，然后会有另一个后台线程每隔一段时间判断一下是否有新消息需要消费，一旦发现了新的消息，就会去唤醒挂起的线程，将消息返回给消费者进行消费，然后消费完毕再次发送请求拉取消息。

这一部分的源码实现是很复杂的，我们只要了解它的核心思路就可以了。就算是Push模式，本质上也是对Pull模式的一种封装。

7.4.5 Broker 如何读取消息返回给消费者

接下来我们聊聊Broker是如何读取消息返回给消费者的，7.3节我们已经探讨了Broker是如何持久化消息的。

那么当消费者发送请求到Broker中拉取消息时，假设是第一次拉取，就会从MessageQueue中的第一条消息开始拉取。如何定位到第一条消息的位置呢？首先Broker会找到MessageQueue对应的ConsumerQueue，从里面找到这条消息的offset，然后通过offset去CommitLog中读取消息数据，再把消息返回给消费者。

当消费者消费完这条消息后，会提交一个消费的进度给Broker，Broker会记录下一个ConsumerOffset来标记我们的消费进度。

下次消费者再去这个MessageQueue中拉取消息时，就会从记录的消费位置继续拉取消息，而不用从头获取了。

7.5　实战——使用代码来操作RocketMQ

本节我们将一起动手实际使用代码来操作RocketMQ，让大家掌握到实战技能，同时也为之后的实战项目做铺垫。

7.5.1 原生代码实现

虽然说要使用原生代码实现，但我们仍然可以依赖Maven环境，所以还是直接创建一个Spring Boot的项目，修改pom文件加入如下依赖。

```
<dependency>
    <groupId>org.apache.rocketmq</groupId>
```

```
        <artifactId>rocketmq-spring-boot-starter</artifactId>
        <version>2.1.1</version>
    </dependency>
```

之后我们把7.1节中的代码直接复制进项目中，做一个发送消息和接收消息的验证。代码结构如图7.6所示，代码内容不再展示，与7.1节中内容相同。

Project
rocketmq C:\Ruoyi\rocketmq
.idea
src
main
java
com.huc.rocketmq
old
AsyncProducer
PushConsumer
SyncProducer
RocketmqApplication
resources
test

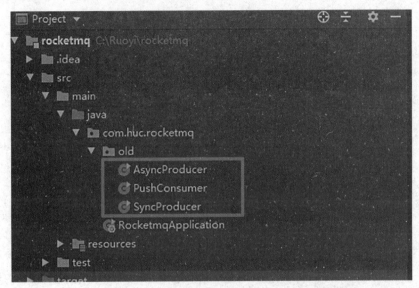

图7.6　代码结构

AsyncProducer对应着异步生产者，SyncProducer对应着同步生产者，PushConsumer对应着消费者。我们直接执行生产者和消费者的代码，生产者会返回如图7.7所示的内容，消费者会返回如图7.8所示的内容。

我们也可以使用RocketMQ的可视化管控台查看到消息的情况，这里不再演示。

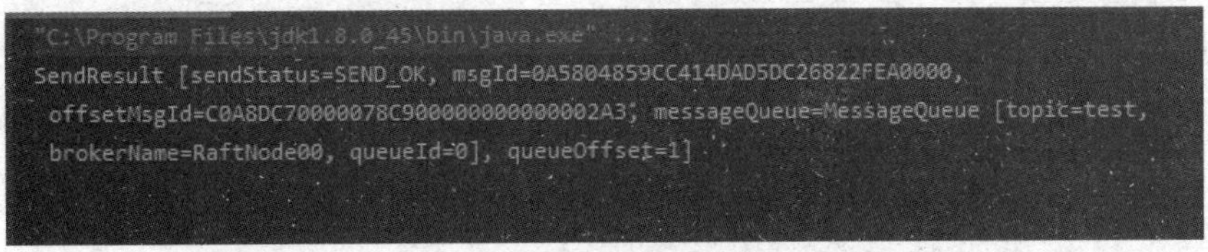

"C:\Program Files\jdk1.8.0_45\bin\java.exe" ...
SendResult [sendStatus=SEND_OK, msgId=0A5804859CC414DAD5DC26822FEA0000,
offsetMsgId=C0A8DC70000078C900000000000002A3, messageQueue=MessageQueue [topic=test,
brokerName=RaftNode00, queueId=0], queueOffset=1]

图7.7　生产者执行情况

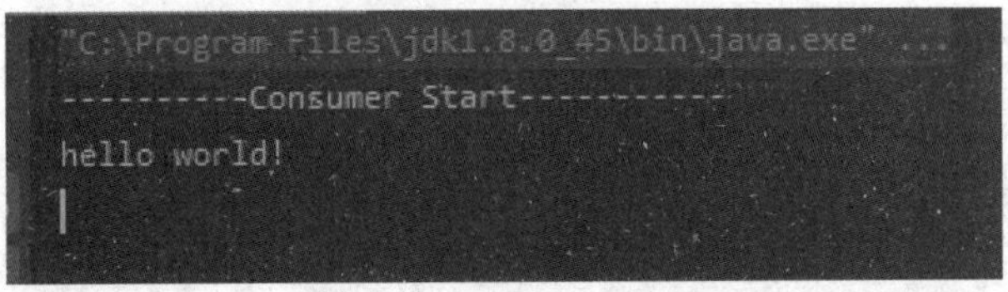

"C:\Program Files\jdk1.8.0_45\bin\java.exe" ...
----------Consumer Start----------
hello world!

图7.8　消费者执行情况

7.5.2 Spring Boot 实现

一般在实际的开发中，是不会直接使用原生代码来操作RocketMQ的，Spring Boot已经对此做了一层封装，让我们可以更简单地操作RocketMQ，现在就动手试一试吧。

1. 配置文件

首先我们修改刚才创建项目中的application.yml文件，添加如下内容。

```
# rocketmq 配置项，对应RocketMQProperties配置类
rocketmq:
  name-server: 192.168.220.112:9876 # RocketMQ Namesrv
  # Producer配置项
  producer:
    group: demo-producer-group #生产者分组
    send-message-timeout: 3000 # 发送消息超时时间，单位：毫秒。默认为3000 。
    compress-message-body-threshold: 4096 # 消息压缩阈值，当消息体的大小超过该阈值后，进行消息压缩。默认为4*1024B
    max-message-size: 4194304 #消息体的最大允许大小。默认为4*1024*1024B
    retry-times-when-send-failed: 2 #同步发送消息时，失败重试次数。默认为2次。
    retry-times-when-send-async-failed: 2 #异步发送消息时，失败重试次数。默认为2次
    retry-next-server: false #发送消息给Broker时，如果发送失败，是否重试另外一台Broker。默认为false
    access-key: # Access Key, 可阅读 https://github.com/apache/rocketmq/blob/master/docs/cn/acl/user_guide.md 文档
    secret-key: # Secret Key
    enable-msg-trace: true #是否开启消息轨迹功能。默认为true开启。可阅读 https://github.com/apache/rocketmq/blob/master/docs/cn/msg_trace/user_guide.md文档
    customized-trace-topic: RMQ_SYS_TRACE_TOPIC #自定义消息轨迹的Topic。默认为RMQ_SYS_TRACE_TOPIC。
  # Consumer配置项
  consumer:
    listeners: #配置某个消费分组，是否监听指定Topic。结构为Map<消费者分组,<Topic, Boolean>>。默认情况下，不配置表示监听
      test-consumer-group:
        topic1: false # 关闭test-consumer-group对topic1的监听消费
```

配置内容较多，小伙伴们可根据实际情况修改。

2. 消息类

接下来我们准备一个消息类，用于承载消息内容，代码如下。

```
package com.huc.rocketmq.spring;
```

```java
/**
 *  Message消息
 */
public class DemoMessage {

    public static final String TOPIC = "DEMO";

    /**
     * 编号
     */
    private Integer id;

    public DemoMessage setId(Integer id) {
        this.id = id;
        return this;
    }

    public Integer getId() {
        return id;
    }

    @Override
    public String toString() {
        return "DemoMessage{" +
                "id=" + id +
                '}';
    }

}
```

这里的TOPIC静态指定了topic为"DEMO"。

3. 生产者

接下来我们使用 RocketMQTemplate来实现生产者的三种发送模式，代码如下。

```java
package com.huc.rocketmq.spring;

import org.apache.rocketmq.client.producer.SendCallback;
import org.apache.rocketmq.client.producer.SendResult;
import org.apache.rocketmq.spring.core.RocketMQTemplate;
import org.springframework.beans.factory.annotation.Autowired;
import org.springframework.stereotype.Component;

@Component
public class DemoProducer {
```

```
    @Autowired
    private RocketMQTemplate rocketMQTemplate;

    public SendResult syncSend(Integer id) {
        // 创建DemoMessage消息
        DemoMessage message = new DemoMessage();
        message.setId(id);
        // 同步发送消息
        return rocketMQTemplate.syncSend(DemoMessage.TOPIC, message);
    }

    public void asyncSend(Integer id, SendCallback callback) {
        // 创建DemoMessage消息
        DemoMessage message = new DemoMessage();
        message.setId(id);
        // 异步发送消息
        rocketMQTemplate.asyncSend(DemoMessage.TOPIC, message,
callback);
    }

    public void onewaySend(Integer id) {
        // 创建DemoMessage消息
        DemoMessage message = new DemoMessage();
        message.setId(id);
        // oneway发送消息
        rocketMQTemplate.sendOneWay(DemoMessage.TOPIC, message);
    }

}
```

这个RocketMQTemplate的底层其实就是使用的DefaultMQProducer。

4. 消费者

消费者部分使用Spring Boot后还是很容易的，只要实现 RocketMQListener 接口即可，代码如下。

```
package com.huc.rocketmq.spring;

import org.apache.rocketmq.spring.annotation.
RocketMQMessageListener;
import org.apache.rocketmq.spring.core.RocketMQListener;
import org.slf4j.Logger;
import org.slf4j.LoggerFactory;
import org.springframework.stereotype.Component;

@Component
```

```
@RocketMQMessageListener(
        topic = DemoMessage.TOPIC,
        consumerGroup = "demo-consumer-group-" + DemoMessage.TOPIC
)
public class DemoConsumer implements RocketMQListener<DemoMessage>
{

    private Logger logger = LoggerFactory.getLogger(getClass());

    @Override
    public void onMessage(DemoMessage message) {
        logger.info("[onMessage][线程编号:{} 消息内容：{}]", Thread.
currentThread().getId(), message);
    }

}
```

这里我们要说明一下@RocketMQMessageListener注解，里边指定了Topic和消费者组。一般情况下，我们建议一个消费者组仅消费一个Topic，这样指定后既可以保证职责的单一，又可以把Topic隔离在不同的线程池中，提高消费效率，要知道每个消费者组是独占一个线程池的。

5. 测试

现在生产者与消费者的代码我们已经实现了，接着我们编写一个测试类用于模仿发送消息，代码如下。

```
package com.huc.rocketmq;

import com.huc.rocketmq.spring.DemoProducer;
import org.apache.rocketmq.client.producer.SendCallback;
import org.apache.rocketmq.client.producer.SendResult;
import org.junit.jupiter.api.Test;
import org.slf4j.Logger;
import org.slf4j.LoggerFactory;
import org.springframework.beans.factory.annotation.Autowired;
import org.springframework.boot.test.context.SpringBootTest;

import java.util.concurrent.CountDownLatch;

@SpringBootTest
public class DemoProducerTest {

    private Logger logger = LoggerFactory.getLogger(getClass());

    @Autowired
```

```java
    private DemoProducer producer;

    @Test
    public void testSyncSend() throws InterruptedException {
        int id = (int) (System.currentTimeMillis() / 1000);
        SendResult result = producer.syncSend(id);
        logger.info("[testSyncSend][发送编号: [{}] 发送结果: [{}]]", id,
result);

        // 阻塞等待，保证消费
        new CountDownLatch(1).await();
    }

    @Test
    public void testASyncSend() throws InterruptedException {
        int id = (int) (System.currentTimeMillis() / 1000);
        producer.asyncSend(id, new SendCallback() {

            @Override
            public void onSuccess(SendResult result) {
                logger.info("[testASyncSend][发送编号: [{}] 发送成功，
结果为: [{}]]", id, result);
            }

            @Override
            public void onException(Throwable e) {
                logger.info("[testASyncSend][发送编号: [{}] 发送异
常]]", id, e);
            }

        });

        // 阻塞等待，保证消费
        new CountDownLatch(1).await();
    }

    @Test
    public void testOnewaySend() throws InterruptedException {
        int id = (int) (System.currentTimeMillis() / 1000);
        producer.onewaySend(id);
        logger.info("[testOnewaySend][发送编号: [{}] 发送完成]", id);

        // 阻塞等待，保证消费
        new CountDownLatch(1).await();
    }

}
```

然后我们同时执行以上三个测试发送的方法，执行后结果如图7.9所示。

图7.9 测试执行情况

以上展示的分别是三个方法的执行后控制台，我们可以发现三个方法都能够正常地发送消息，而消费者接收消息的日志不一定出现在哪个控制台下，但只会出现一次，这也就说明一个消费者组对于一个Topic中的消息只会消费一次。

到这里，我们的代码就完全实现了。

7.6 实战——对RocketMQ集群进行压测

学习到这里，我们已经拥有了一个小规模的RocketMQ集群环境，并且按照生产环境做了一些参数优化调整，那么如何测试这个集群的实际负载能力呢？本节我们就来看一看集群压测的操作过程。

7.6.1 压测的指标

既然我们准备进行集群的压测，就应该先弄明白压测的指标包括什么。可能很多读者会认为，压测就是使用某种工具，在多台机器上模拟出多个线程，执行生产者程序来并发生产消息到RocketMQ集群，然后去检测RocketMQ集群能够承受的极限在哪里，这个极限值就是我们压测的结果值了。

这样的想法是正确的，通过这种压测得到的结果值也确实是我们压测后想要的一个结果，但仅仅得到这样的结果是不够的，它只能说明RocketMQ的极限值，而不能体现出最佳极限值。

我们可以思考一下，假如按照上述过程进行压测，我们关注的指标是什么？

指标只有极限的TPS（可以理解成每秒处理的消息量），假如这个极限TPS是10万，那你觉得在生产环境就能抗下10万的TPS了吗？肯定不是这样的，如果达到了10万TPS的同时，CPU、内存、网卡的负载情况几乎要爆满，那么这样的服务器随时都会有宕机的可能，所以仅仅关注TPS是不够的，我们应该综合考虑TPS和负载情况，得到一个最佳极限值，这个值才是最合适的最高负载值，找出这个最高负载值才是压测的目的。

7.6.2 动手实践压测

现在我们知道了压测的指标，接下来就一起实际操作一下吧。

首先要有一个压测的工具，用来模拟并发线程，这里选择的是Jmeter工具，这个工具如何获取与安装，就不在书中介绍了，读者可以去查阅资料安装一下，再来继续阅读。

有了Jmeter工具后，我们需要准备一个测试用的接口，直接在7.5节的项目中增加一个TestController类，代码如下。

```java
package com.huc.rocketmq.jmeter;

import com.huc.rocketmq.spring.DemoProducer;
import org.apache.rocketmq.client.producer.SendResult;
import org.slf4j.Logger;
import org.slf4j.LoggerFactory;
import org.springframework.beans.factory.annotation.Autowired;
import org.springframework.web.bind.annotation.GetMapping;
import org.springframework.web.bind.annotation.RestController;

/**
 * 测试用
 * @author liumeng
 */
@RestController
public class TestController {
    private Logger logger = LoggerFactory.getLogger(getClass());
    @Autowired
    private DemoProducer producer;

    @GetMapping("sync")
    public void testSyncSend() throws InterruptedException {
        int id = (int) (System.currentTimeMillis() / 1000);
        SendResult result = producer.syncSend(id);
        logger.info("[testSyncSend][发送编号：[{}] 发送结果：[{}]]", id,
result);
    }
}
```

然后通过http://localhost:8080/sync地址就可以访问同步生产消息的接口了。

接下来我们打开Jmeter工具，按照图7.10中的操作增加一个线程组。

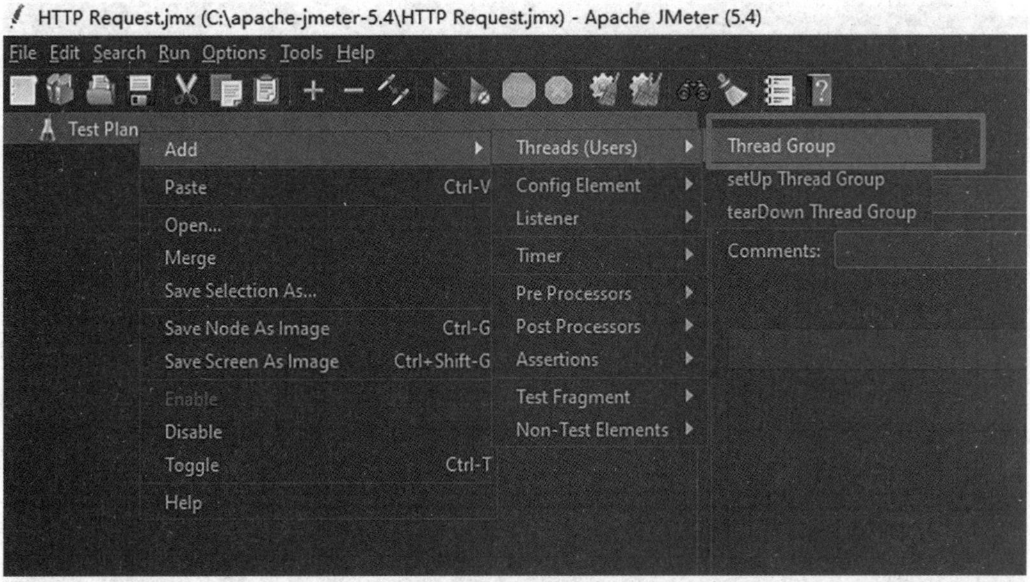

图7.10 增加线程组

在线程组的操作页面中修改线程数量、执行频率、循环次数，用于模拟并发操作的用户，如图7.11所示。

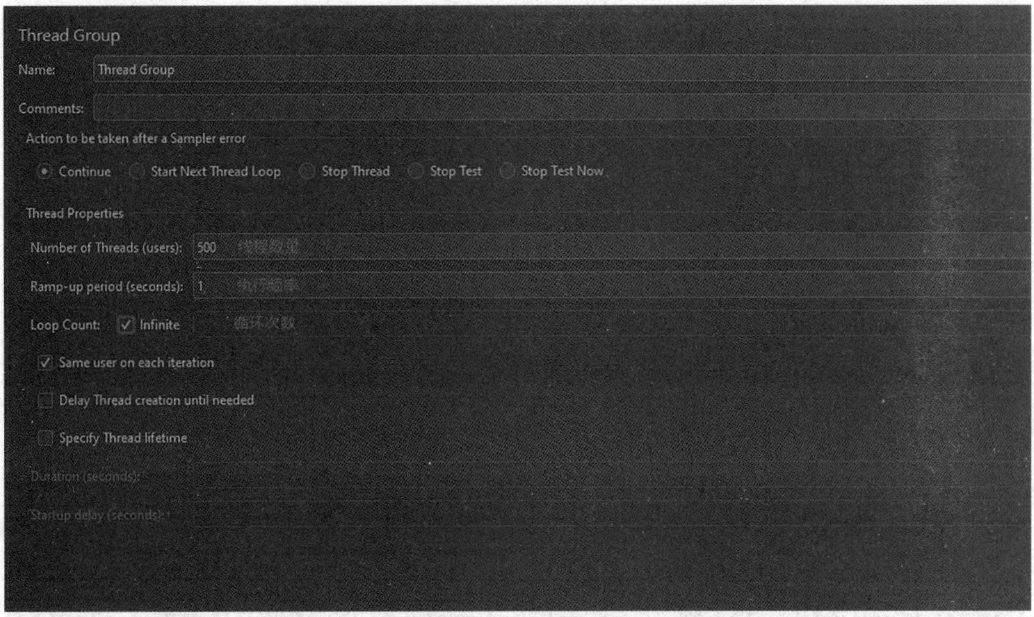

图7.11 线程组页面

接下来再新增一个HTTP请求模板，具体操作步骤如图7.12所示。

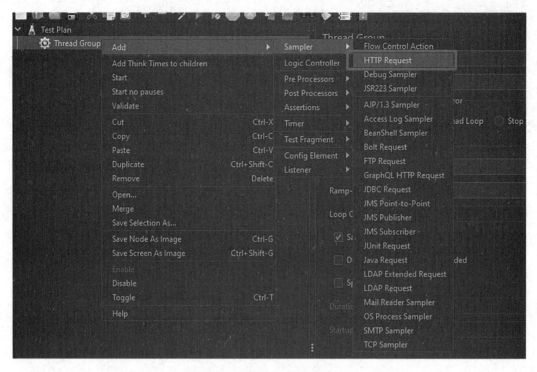

图7.12　添加HTTP请求模板

在HTTP的请求模板中填写我们测试接口的IP、端口号、请求路径等信息，如图7.13所示。

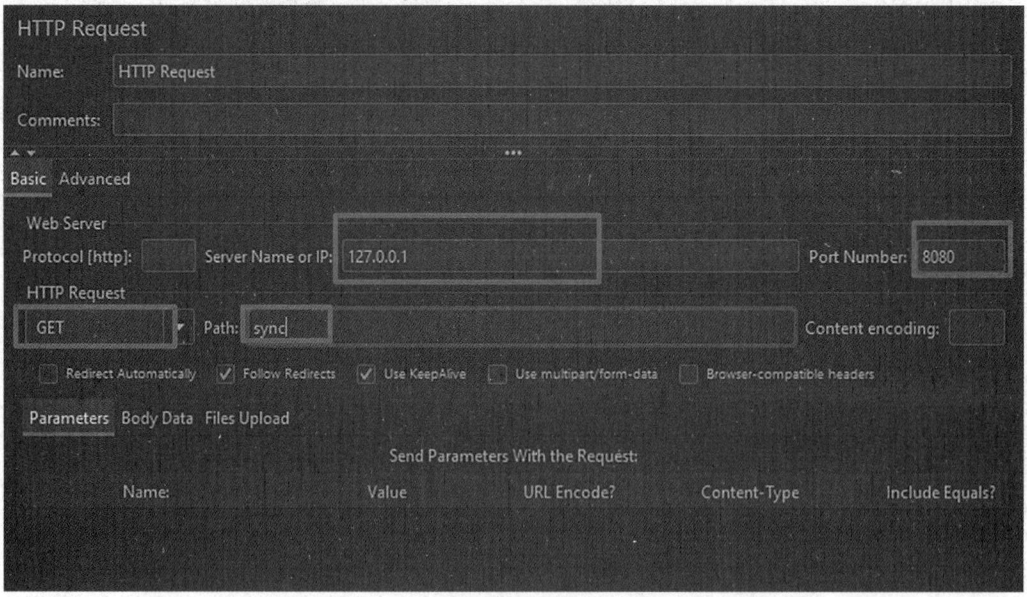

图7.13　HTTP请求模板

至此，我们的Jmeter工具就配置完成了，直接在Jmeter中启动测试即可看到接口开始被并发访问了。

在RocketMQ的管控台中也可以看到消息在不停地生产和消费，并且可以查看到TPS的情况，每个人的机器情况都会有所差别，这里就不截图演示了。

那么如何在并发访问下查看服务器的负载情况呢？

首先我们可以使用top命令，使用top命令后会看到load average: 11.01, 6.58, 5.48这样的内容，它的意思是在1分钟、5分钟和15分钟内的CPU负载情况，11.01表示的是目前使用的CPU核数为11，如果你的CPU是24核，那么没问题，目前CPU负载不算大，但是如果你的CPU是8核，就说明目前CPU在超负荷运行，服务器就不能保证稳定性了。

除此之外，还可以看到类似%Cpu(s): 39.3 us, 36.3 sy, 0.0 ni, 3.4 id, 9.8 wa, 0.0 hi, 11.2 si, 0.0 st这样的内容，这里面我们主要看的是9.8wa，意思是磁盘IO在CPU执行时间中的占比情况，如果占比过高，代表IO负载很高，按经验来讲，这个比例不超过40都是可以接受的。

另外，我们可以使用free命令查看内存的使用情况；使用jstate查看jvm的垃圾回收情况，当然要读懂jstate命令中的内容是需要一些jvm调优知识的；使用sar -n DEV 1 2可以查看网卡的流量情况。

至此，集群压测所需掌握的知识就已经全部介绍完了，最佳极限值的计算方式就是尽可能地增大TPS，并监控以上服务器指标，寻求一个平衡点。

大家可以动手实际操作一下，看看你们自己搭建的集群的最佳极限值。

7.7　小结

本章从生产者与消费者的发送消费模式讲起，引出Broker的持久化机制，并详细介绍了生产者与发送者的底层原理，干货内容颇丰。建议读者反复研读本章原理部分内容，做到能和他人画图解释明白的程度。

本章实战部分介绍了使用Jmeter集群压测的过程，虽然针对的是RocketMQ集群，但本次实践中对于CPU、内存、IO、网络流量的监视，以及Jmeter工具的使用，在其他压力测试中也是可以用到的，一通则百通。

思考题：你们公司的生产环境有经过严格的系统压测吗？如果你来主导压测的工作，能否做出合理的压测计划呢？如果要提升集群的吞吐量，你会选择什么方式呢？

第 8 章

RocketMQ 的实际问题与解决方案

本章我们将通过实际案例介绍RocketMQ的消息丢失、消息乱序和重复消费问题，并在此背景下引入RocketMQ的高级功能：死信队列、延时消息、事务消息等内容。

学习过本章之后，关于RocketMQ的核心知识我们基本就掌握得差不多了。

本章主要涉及的知识点如下。

- 出现消息丢失问题的原因。
- 事务消息机制。
- 重复消费和乱序问题的讨论。
- 实战：事务消息、延时消息、顺序消息的代码实现。

8.1　消息是怎么丢失的

本节我们将对订单系统的各个环节进行分析，找出消息丢失的原因。理解了消息丢失的原因，才能想到合适的解决方案。

8.1.1　引入订单业务

现在假设我们的业务是这样的，用户通过订单系统下了一个订单，订单系统完成支付后会发送消息给RocketMQ，然后积分系统会从RocketMQ中消费消息，去给用户增加积分，如图8.1所示。

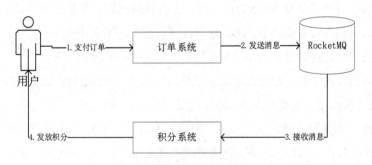

图8.1　订单业务流程

但是突然有一天有用户反映，支付订单之后，自己的积分并没有增长，这是为什么呢？

经过排查日志，我们只发现了推送消息给MQ的日志，而没有发现积分系统消费这条消息的日志，这就导致了积分系统并没有给用户发放积分。也就是说，消息在传输过程中丢失了。

在系统的核心链路中，如果发生消息丢失的问题，可能会产生恶劣的后果，为了解决此类问题，我们必须弄明白什么时候会发生消息丢失问题。

8.1.2 订单系统推送消息过程中会丢失消息吗

我们先来看一下整个流程的第一步，订单系统在支付成功之后，一定会把支付成功的消息推送给MQ，那么在这个推送的过程中，消息可能丢失吗？

答案是肯定的，一定会存在消息丢失的情况。比较常见的情况就是网络抖动，推送消息这一过程是通过网络进行通信的，那么这时如果恰巧网络出现了故障，导致通信失败，这个消息必然就不会成功地推送到MQ中。

那除了网络抖动外，还有没有其他的情况导致推送失败呢？

其实情况有很多，比如MQ成功接收到了消息，但是MQ本身的网络模块的代码出现了异常，可能是内部实现的bug，导致消息没有成功处理。或者当我们推送消息给一个MQ的主从集群的时候，刚好遇到Leader节点出现故障，其他的Follower正在尝试切换为Leader，这个过程中也可能导致消息丢失。

类似的问题还有其他的。所以我们首先要明确一点，无论使用任何MQ中间件，你发送出去的消息都不一定能成功，而失败的时候有可能会在你的代码里发生异常，也有可能不会抛出异常，具体要看什么情况导致的发送失败。

8.1.3 MQ 接收到消息后，自己会把消息弄丢吗

接下来假设订单系统推送到MQ这一过程没有任何问题，消息成功到达了MQ中，此时订单系统会认为消息写入成功了，那么这时候消息就一定不会丢失了吗？

答案是否定的，这时也不能保证消息的不丢失，我们来分析一下。

通过之前章节的学习，相信大家都还记得，当消息写入MQ后，MQ会把消息先写入OS Cache，也就是操作系统的缓存区中，本质也是内存，如图8.2所示。

也就是说，你认为发送成功的消息，可能只存在于内存中，还没到磁盘中。那么如果这个时候机器宕机了，OS Cache中的消息数据将会跟着丢失，是不是这个道理？

那么现在假设消息已经刷新到磁盘上了，是不是就可以保证万无一失了呢？

显然这个时候也是不能完全保证的，因为虽然你把数据保存到了磁盘中，但是如果磁盘发生了故障，数据还是会丢失。

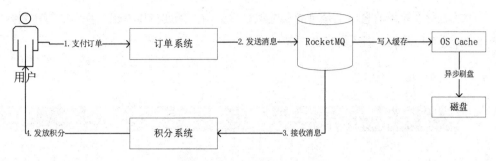

图8.2　消息持久化过程

如果大家平时有了解一下新闻热点，会听说过某某互联网公司，由于数据存储在磁盘上没有冗余备份，结果磁盘发生故障导致好多年的核心数据全部丢失，大量工作都功亏一篑，这就是血淋淋的教训。

8.1.4　积分系统消费到了消息就能保证消息的不丢失了吗

那么到现在，经历了重重困境，假设积分系统终于能够消费到这条消息了，那么它就能安稳地把积分正常地发放给用户吗？

答案依然是否定的。

大家应该还记得消费者在进行消费时，是有一个offset的概念的。这个offset说白了就是个进度标识，让MQ知道消费者消费到了哪里，下次好接着向下消费。

现在假设我们有两条消息，offset为1和2，如图8.3所示。

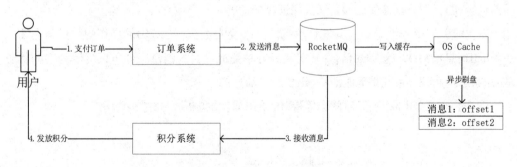

图8.3　消息持久化offset

假设我们的积分系统接收到了消息1，那么消息1就在积分系统的内存中，正要准备给用户发放积分。而默认情况下，消费者会自动提交已经消费的消息的offset，所以当积分系统获取消息后，可能直接就把消息1的offset提交给了MQ，标识为已经处理了这条消息。

此时，如果积分系统突然宕机，还未发放积分给用户，那么这条消息自然就丢失了，因为MQ已经把它标记成了已处理，实际积分系统还未处理。

所以消费者获得消息后也是可能发生消息丢失的。到此可以看出，任何的技术引入生产环境都是有风险的，引入前我们一定要做好功课。

8.2 RocketMQ消息丢失解决方案：事务消息

8.1节我们通过一个小案例和大家一起分析了一下消息是如何丢失的，但没有提出具体的解决方案。

我们已经知道消息丢失的原因大体上分为三个部分。

（1）生产者发送消息到MQ这一过程导致消息丢失。

（2）MQ自己发生故障导致消息丢失。

（3）消费者拿到消息后，由于操作不当导致消息丢失。

接下来我们就针对第一种情况，聊一聊如何解决生产者发送消息过程中的消息丢失问题。

8.2.1 half 消息机制

针对这一问题，RocketMQ是自带一套解决方案的，就是事务消息。今天我们就来看一下事务消息的实现流程。

还是上次的案例，当用户通过订单系统下订单支付的时候，在订单支付成功后，会发送消息给MQ，但是这样的流程是无法保证事务性的。

当我们引入事务消息后，其实订单系统是不会先去执行CRUD的操作的，而是先发送一条half消息给MQ，这个half消息其实就是订单完成支付的消息，你可以理解为它的状态是half状态。而积分系统是无法消费half状态的消息的。

订单系统发送了half消息后就会等待MQ给出成功的响应，如图8.4所示。

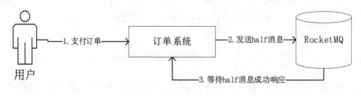

图8.4 half消息

看到这里小伙伴可能会问，为什么要发送half消息呢？

其实大家可以想一下，假如我们不发送half消息，直接去操作数据库，把订单支付业务走完，然后再去发送消息给MQ，结果发送过程中发生了异常，这就导致了积分系统无法消费到消息，从而导致支付成功，而积分没有发放的情况。

所以我们先发一条half消息，就是为了先确认一下能否正常发送消息，或者说确认MQ是不是还活着，并且告诉MQ接下来的消息很重要，不能丢失。

8.2.2　half 消息的流程分析

1. half消息写入失败怎么办

half消息的发送也是可能失败的，可能因为报错、MQ自己挂了，或者网络原因导致消息发送失败。

那订单系统就会得到这一反馈，接着进行回滚操作，比如订单关闭、退款等操作，如图8.5所示。

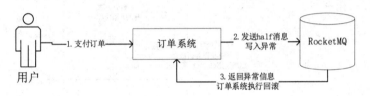

图8.5　half消息写入失败

2. half消息写入成功，并得到响应

那么假如half消息发送成功，并得到了成功的响应，订单系统应该怎么做呢？

这个时候，订单系统就应该去操作数据库，完成自己的业务功能了。因为half消息发送成功，表示MQ可以正常接收消息，如图8.6所示。

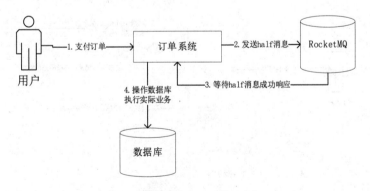

图8.6　half消息写入和响应成功

3. half消息写入成功，没有得到响应

那么假如half消息发送成功，但是没有得到MQ的成功响应，会怎么办呢？

这个时候，half消息已经正常地存储到了MQ中，但订单系统迟迟不能得到响应，可能会报一些网络超时的错误，订单系统就去执行回滚操作了。

那么对于这条half消息该怎么处理呢？

这就要说到RocketMQ的补偿机制了，它会去扫描half消息，如果这条half消息迟迟没有被rollback或commit，一定时间后就会回调订单系统的一个补偿接口，判断一下这步操作是成功了还是失败了。

如果成功了，那就重新发送commit消息给MQ，失败了，重新发送rollback消息给MQ。后文会介绍rollback和commit消息，如图8.7所示。

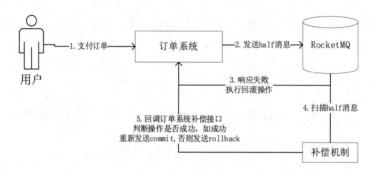

图8.7　half消息写入成功响应失败

4. 数据库操作发生异常

那么接下来如果订单系统在执行数据库的时候发生了异常，怎么办呢？

这时数据库本身是有事务机制的，同时我们再发送一条rollback消息给MQ就可以了。MQ接收到rollback消息后，就会把之前的half消息给作废了，如图8.8所示。

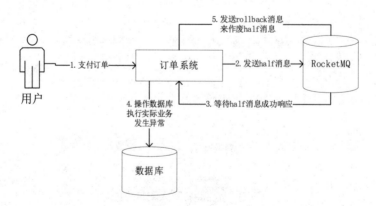

图8.8　数据库操作发生异常

5. 订单业务完成后

那么订单系统自己的业务成功完成后接着做什么呢?

这时就要发送一条commit消息给MQ了，让MQ对之前的half消息执行commit操作，之后积分系统就可以看到这条消息了，如图8.9所示。

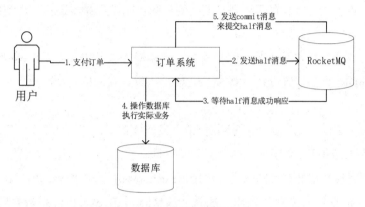

图8.9　订单业务正常完成

6. rollback或commit消息发送失败怎么办

rollback或commit消息也是可能发送失败的，这时，解决方法其实也很简单。

上文中我们已经说到了RocketMQ的补偿机制，所以无论订单系统本身是要发送rollback消息还是commit消息，如果发送失败，MQ的补偿机制就会扫描这条half消息，一定时间之后回调订单系统的补偿接口，判断执行是否成功，然后重新发送消息给MQ就可以了。

我们通过对RocketMQ发送消息这一过程进行各种情况的分析，会发现，开启事务消息流程后，生产者发送消息到MQ这一过程的消息可靠性是可以得到保证的。

8.3　RocketMQ消息丢失解决方案：同步刷盘+手动提交

之前我们一起了解了使用RocketMQ事务消息解决生产者发送消息时消息丢失的问题，但使用了事务消息后消息就一定不会丢失吗，肯定是不能保证的。

因为虽然我们解决了生产者发送消息时的消息丢失问题，但也只是保证Broker正确地接收到了消息，实际上接收到的消息会保存在OS Cache中，如果此时Broker机器突然宕机，OS Cache中的消息数据就丢失了。

而且就算是OS Cache中的消息已经刷盘到了磁盘中，如果磁盘突然坏了，消息也会丢失了。所以我们还要考虑Broker如何保证消息不丢失。

8.3.1 Broker 的消息丢失解决方案

说到这里，我们就进入主题了，首先解决临时存在OS Cache，而未刷新到磁盘导致的消息丢失问题，那么如何解决呢？

我们都知道，Broker是有两种刷盘机制的：同步刷盘和异步刷盘，详细内容可以回顾一下7.3.4节。

解决的方式是把异步刷盘改为同步刷盘，具体操作就是修改一下Broker的配置文件，将其中的flushDiskType配置设置为SYNC_FLUSH，默认它的值是ASYNC_FLUSH，即异步刷盘。

调整为同步刷盘后，只要MQ告诉我们消息发送成功了，那么就说明消息已经在磁盘中了。接下来就要解决磁盘坏了导致的消息丢失问题。

这个问题其实也很好解决，只要我们使用RockerMQ的高可用集群模式就可以了，也就是说如果返回消息发送成功的响应，那就代表Master Broker已经把数据同步到了Slave Broker中，保证数据有多个备份。

这样一来就算是Master Broker突然宕机，也可以通过Dledger技术进行主从的自动切换，使用备份的数据，这其中的原理我们已经讲过了，读者可以自己去复习回顾一下。

8.3.2 Consumer 的消息丢失解决方案

到这里，我们已经确保了生产者和Broker的消息不会丢失，那么消费者处理消息的时候会不会导致消息丢失呢？答案是肯定的。

比如说积分系统拿到了消息，还未执行该执行的操作，先返回给Broker这条消息的offset，说这条消息已经处理过了。然后突然宕机了，这就导致MQ认为这条消息已经处理过了，而实际并没有处理，所以这条消息就丢失了。

对于Kafka和RabbitMQ来讲，默认的消费模式就是上边这种自动提交的模式，所以是有可能导致消息丢失的。而RocketMQ的消费者有点不一样，它本身就需要手动返回消息处理成功的响应。所以其实Consumer的消息丢失解决方案也很简单，就是将自动提交改为手动提交。

8.3.3 消息零丢失方案的优缺点分析

如果在系统中落地一套消息零丢失的方案，无论什么场景都可以保证消息的可靠性，这似乎听起来不错，也是它的优点所在，保证系统的数据都是正确的，不会有丢失的情况。但它有什么缺点呢?

　　首先，引入了这套解决方案之后，系统的复杂度变高了，想想事务消息的实现方式，你肯定会这么觉得。而且比较严重的缺点是，它会导致系统性能严重的下降，比如原来每秒可以处理好几万条的消息，结果在引入消息零丢失这套方案之后，可能每秒就只能处理几千条消息了。

　　其实只要思考一下，就可以想明白这个问题。事务消息的复杂性导致生产消息的过程耗时更久了，同步刷盘的策略导致写入磁盘后才返回消息，自然也会增加耗时，而消费者如果异步地处理消息，直接返回成功，整个流程的速度会更快。

　　所以说引入这么一套消息零丢失的方案，对于性能的影响还是很大的。既然我们刚才聊了消息零丢失方案的缺点，那么就继续讨论一下，究竟在什么场景下需要引入这套方案。

　　一般我们对于跟金钱、交易及核心数据相关的系统和核心链路，可以采用这套方案。比如我们文章中举的例子:支付系统、订单系统、积分系统。而对于其他的没有那么核心的场景，丢失一些数据问题也不大，就不应该采用这套方案了，或者说可以做一些简化，比如事务消息改成失败重试几次的机制，刷盘策略改为异步刷盘。

　　那么读者在平时的工作中，这套方案是怎么应用到生产环境中的呢?

8.4　探索RocketMQ的重复消费和乱序问题

　　通过前面的学习，我们已经解决了消息中间件的一大难题，即消息丢失问题。但MQ在实际应用中不是说保证消息不丢失就万无一失了，它还有两个令人头疼的问题:重复消费和乱序。

　　本节我们就来聊一聊这两个常见的问题，看看RocketMQ是如何解决这两个问题的。

8.4.1　为什么会重复消费

　　首先我们来聊一聊重复消费的问题，要解决一个问题最开始的一步当然是去查找问题发生的原因。那出现重复消费的原因到底是什么呢?

　　我们先来思考一下，生产者发送消息这一过程中是不是有可能重复发送消息到MQ呢?

　　答案是肯定的，比如生产者发送消息的时候使用了重试机制，发送消息后由于网络原因没有收到MQ的响应信息，报了个超时异常，然后又去重新发送了一次消息。但其实MQ已经接到了消息，并返回了响应，只是因为网络原因超时了。这种情况下，一条消息就会被发送两次，如图8.10所示。

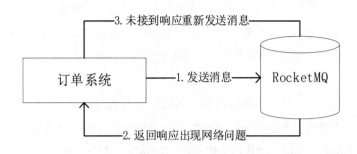

图8.10　重试机制导致重复消费

当然，这只是列举了一种情况，实际有很多情况会造成消息的重新发送。

那么假如生产者没有重复发送消息，消费者就能保证不重复消费了吗？当然不能保证，我们知道，在消费者处理了一条消息后会返回一个offset给MQ，证明这条消息被处理过了。

但是，假如这条消息已经处理过了，在返回offset给MQ的时候服务宕机了，MQ就没有接收到这条offset，那么服务重启后会再次消费这条消息，如图8.11所示。

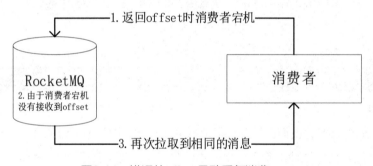

图8.11　错误的offset导致重复消费

解决重复消费的关键就是引入幂等性机制，什么是幂等性机制呢？我们可以把它理解成，假如一个接口被重复调用，依然可以保证数据的准确性。

对于生产者重复发送消息到MQ这一过程，其实我们没有必要去保证幂等性，只要在消费者处理消息时保证幂等性就可以了。

这块其实比较简单，只要在处理消息之前先根据业务判断一下本次操作是否已经执行过，如果已经执行过了，那就不再执行，这样就可以保证消费者的幂等性。

举个例子，比如每条消息都会有一条唯一的消息ID，消费者接收到消息会存储消息日志，如果日志中存在相同ID的消息，就证明这条消息已经被处理过了。

8.4.2　消息重试、延时消息、死信队列

解决完重复消费问题，我们来思考一种极端情况，比如某一时刻，消费者操作的数据库宕机了，这时消费者会发生异常，当然不能返回给MQ一个CONSUME_SUCCESS了，我们可以返回RECONSUME_LATER，意思是我现在无法处理这些消息，一会儿再来试试能不能处理。

简单来说，RocketMQ会有一个针对当前Consumer Group的重试队列，如果你返回了RECONSUME_LATER，MQ会把你的这批消费放到当前消费组的重试队列中，然后过一段时间重试队列中的消息会再次发送给消费者，默认可以重试16次，每次重试的间隔是不同的，这个时间间隔是可以配置的，默认配置如下。

```
messageDelayLevel=1s 5s 10s 30s 1m 2m 3m 4m 5m 6m 7m 8m 9m 10m 20m
30m 1h 2h
```

细心的小伙伴会发现，这个配置一共有18个时间，为什么最多重试16次，配置中却有18个时间呢，这里就要说到延时消息了。

上面的配置其实不是针对重试队列的，而是针对延时消息，18个时间分别代表延迟level1—level18，延时消息大概流程如下。

（1）所有的延迟消息到达Broker后，会存放到SCHEDULE_TOPIC_XXX的Topic下（这个Topic比较特殊，对客户端是不可见的，包括使用rocketmq-console，也查不到这个Topic）。

（2）SCHEDULE_TOPIC_XXX这个topic下存在18个队列，每个队列中存放的消息都是同一个延迟级别消息。

（3）Broker端启动了一个timer和timerTask的任务，定时从此Topic下拉取数据，如果延迟时间到了，就会把此消息发送到指定的Topic下，完成延迟消息的发送。

刚才我们说如果你返回了RECONSUME_LATER，消息就会进入重试队列，其实不完全准确。当MQ接收到RECONSUME_LATER后，首先会完成消息的转换，把消息存到延时队列中，然后再根据消息的延时时间保存到重试队列中。

如果重试了16次之后依然无法处理，就会把这些消费放入死信队列。死信队列中的消息RocketMQ不会再做处理，这部分数据要怎么处理就要看业务场景了，我们可以做一个后台线程去订阅这个死信队列，完成后续消息的处理，如图8.12所示。

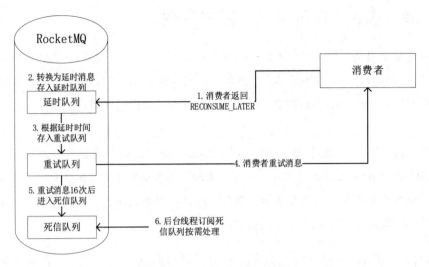

图8.12　错误的offset导致重复消费

8.4.3　消息乱序

接下来我们聊一聊消息乱序问题，为什么会出现这个问题呢，其实不难理解。

我们都学过，每个Topic可以有多个MessageQueue，写入消息的时候实际上会平均分配给不同的MessageQueue。然后假如我们有一个Consume Group，这个消费组中的每台机器都会负责一部分MessageQueue，那么就会导致消息的顺序乱序问题。

举个例子，生产者发送了两条顺序消息，先是insert，后是update，分别分配到两个MessageQueue中，消费者组中的两台机器分别处理两个队列的消息，这时是无法保证顺序性的，有可能会先执行update，后执行insert，导致数据发生错误。

那么如何解决消息乱序问题呢？

其实道理也很简单，把需要保持顺序的消息都放入同一个MessageQueue中，让同一台机器处理不就可以了吗？

我们完全可以根据唯一ID与队列的数量进行hash运算，保证这些消息进入同一个队列中，最简单的算法就是取余运算了。

现在我们能保证这批消息进入同一个队列中，似乎这样就能保证消息不会乱序了，但真的是这样吗？

上面我们说到如果消费者数据库出现问题，使用重试队列重试消息，那么对于需要保证顺序的消息也可以使用这套方案吗？肯定是不能的，如果使用重试机制是无法保证顺序性的。

RocketMQ提供了另一个状态：SUSPEND_CURRENT_QUEUE_A_MOMENT，意思是先等一会，再接着处理这批消息，而不是把这批消息放入重试队列里去处理其他消息。

所以我们只要返回这个状态就可以了。

8.5　实战：RocketMQ高级功能代码实现

本节我们将通过一些实际的案例，引出解决方案，并通过实际代码来实现。通过本节的学习，你可以确切地掌握实际编码能力。

8.5.1　事务消息代码实现

之前我们已经在讨论订单业务消息丢失问题中引出了事务消息，本节我们就实际使用代码来实现事务消息吧。

首先用原生代码来实现事务消息，下面是事务消息生产者TransactionProducer类的代码，具体代码解释已经用注释标明。

```
package com.huc.rocketmq.transaction;

import org.apache.rocketmq.client.exception.MQClientException;
import org.apache.rocketmq.client.producer.TransactionListener;
import org.apache.rocketmq.client.producer.TransactionMQProducer;
import org.apache.rocketmq.client.producer.TransactionSendResult;
import org.apache.rocketmq.common.message.Message;
import org.apache.rocketmq.remoting.common.RemotingHelper;

import java.io.UnsupportedEncodingException;
import java.util.concurrent.*;

/**
 * @author liumeng
 */
public class TransactionProducer {
public static void main(String[] args)
 throws MQClientException, UnsupportedEncodingException {
        // 这里是一个自定义的接收RocketMQ回调的监听接口
        TransactionListener transactionListener = new
TransactionListenerImpl();
        // 创建支持事务消息的Producer，并指定生产者组
        TransactionMQProducer producer =
```

```
                new TransactionMQProducer("testTransactionGroup");
    // 指定一个线程池，用于处理RocketMQ的回调请求
    ExecutorService executorService = new ThreadPoolExecutor(
            2,
            5,
            100,
            TimeUnit.SECONDS,
            new ArrayBlockingQueue<Runnable>(2000),
            new ThreadFactory() {
                @Override
                public Thread newThread(Runnable r) {
                    Thread thread = new Thread(r);
                    thread.setName("testThread");
                    return thread;
                }
            }
    );
    // 给事务消息生产者设置线程池
    producer.setExecutorService(executorService);
    // 给事务消息生产者设置回调接口
    producer.setTransactionListener(transactionListener);
    // 启动生产者
    producer.start();
    // 构造一条订单支付成功的消息
    Message message = new Message(
            "PayOrderSuccessTopic",
            "testTag",
            "testKey",
            "订单支付消息".getBytes(RemotingHelper.DEFAULT_CHARSET)
    );

    // 将消息作为half消息发送出去
    try {
        TransactionSendResult result = producer.sendMessageInT
ransaction(message, null);
    } catch (Exception e) {
        // half消息发送失败
        // 订单系统执行回滚逻辑，比如退款、关闭订单
    }
    }
}
```

　　针对half消息发送失败的情况，有可能一直接收不到消息发送失败的异常，所以我们可以在发送half消息的时候，同时保存一份half消息到内存中，或者写入磁盘里，后台开启线程去检查half消息，如果超过10分钟都没有接到响应，就自动执行回滚逻辑。

那么如果half消息成功了，如何执行本地事务逻辑呢？这就要说到代码中自定义的回调监听接口TransactionListenerImpl类了，代码如下。

```
package com.huc.rocketmq.transaction;

import org.apache.rocketmq.client.producer.LocalTransactionState;
import org.apache.rocketmq.client.producer.TransactionListener;
import org.apache.rocketmq.common.message.Message;
import org.apache.rocketmq.common.message.MessageExt;

public class TransactionListenerImpl implements TransactionListener {
    /**
     * 如果half消息发送成功了，就会回调这个方法，执行本地事务
     * @param message
     * @param o
     * @return
     */
    @Override
    public LocalTransactionState executeLocalTransaction(Message
message, Object o) {
        // 执行订单本地业务，并根据结构返回commit/rollback
        try {
            // 本地事务执行成功，返回commit
            return LocalTransactionState.COMMIT_MESSAGE;
        }catch (Exception e){
            // 本地事务执行失败，返回rollback,作废half消息
            return LocalTransactionState.ROLLBACK_MESSAGE;
        }
    }

    /**
     * 如果没有正确返回commit或rollback，会执行此方法
     * @param messageExt
     * @return
     */
    @Override
    public LocalTransactionState checkLocalTransaction(MessageExt
messageExt) {
        // 查询本地事务是否已经成功执行了,再次根据结果返回commit/rollback
        try {
            // 本地事务执行成功，返回commit
            return LocalTransactionState.COMMIT_MESSAGE;
        }catch (Exception e){
            // 本地事务执行失败，返回rollback,作废half消息
            return LocalTransactionState.ROLLBACK_MESSAGE;
        }
```

```
        }
}
```

到这里事务消息的代码我们就完成了，但是我相信小伙伴们不会满足于仅仅使用原生代码实现，那接下来就用Spring Boot重新编写一次相同的逻辑。

使用Spring Boot项目后，我们还是先准备一个消息的实体类TranMessage，代码如下。

```java
package com.huc.rocketmq.transaction.spring;

/**
 *  事务消息实体
 */
public class TranMessage {

    public static final String TOPIC = "Tran";

    /**
     *  编号
     */
    private Integer id;

    public TranMessage setId(Integer id) {
        this.id = id;
        return this;
    }

    public Integer getId() {
        return id;
    }

    @Override
    public String toString() {
        return "TranMessage{" +
                "id=" + id +
                '}';
    }

}
```

然后我们编写事务消息的生产者TranProducer:
```java
package com.huc.rocketmq.transaction.spring;

import org.apache.rocketmq.client.producer.SendResult;
import org.apache.rocketmq.spring.core.RocketMQTemplate;
import org.springframework.beans.factory.annotation.Autowired;
```

```java
import org.springframework.messaging.Message;
import org.springframework.messaging.support.MessageBuilder;
import org.springframework.stereotype.Component;

@Component
public class TranProducer {

    @Autowired
    private RocketMQTemplate rocketMQTemplate;

    public SendResult sendMessageInTransaction(Integer id) {
        // 创建TranMessage消息
        Message<TranMessage> message = MessageBuilder
                .withPayload(new TranMessage().setId(id)).build();
        // 发送事务消息
        return rocketMQTemplate.sendMessageInTransaction(TranMessa
ge.TOPIC,
                message,id);
    }

}
```

同样的，我们需要编写一个回调监听的实现类，用于自定义处理本地事务，返回commit
或rollback消息。代码如下。

```java
package com.huc.rocketmq.transaction.spring;

import org.apache.rocketmq.spring.annotation.
RocketMQTransactionListener;
import org.apache.rocketmq.spring.core.RocketMQLocalTransactionLis
tener;
import org.apache.rocketmq.spring.core.
RocketMQLocalTransactionState;
import org.springframework.messaging.Message;
// 注解中可以指定线程池参数
@RocketMQTransactionListener(corePoolSize=2,maximumPoolSize=5)
public class TransactionListenerImpl implements RocketMQLocalTrans
actionListener {
    @Override
    public RocketMQLocalTransactionState
executeLocalTransaction(Message msg, Object arg) {
        // 执行订单本地业务，并根据结构返回commit/rollback
        try {
            // 本地事务执行成功，返回commit
            return RocketMQLocalTransactionState.COMMIT;
```

```
        }catch (Exception e){
            // 本地事务执行失败, 返回rollback,作废half消息
            return RocketMQLocalTransactionState.ROLLBACK;
        }
    }

    @Override
    public RocketMQLocalTransactionState checkLocalTransaction(Message
msg) {
        // 查询本地事务是否已经成功执行了,再次根据结果返回commit/rollback
        try {
            // 本地事务执行成功, 返回commit
            return RocketMQLocalTransactionState.COMMIT;
        }catch (Exception e){
            // 本地事务执行失败, 返回rollback,作废half消息
            return RocketMQLocalTransactionState.ROLLBACK;
        }
    }
}
```

有了原生代码的实现经验，相信小伙伴们对于使用Spring Boot集成后的代码同样可以轻松看得懂。

至此，事务消息的代码我们就已经实现了。

8.5.2 顺序消息代码实现

有关消息乱序的出现原因及解决方案，我们已经在8.4.3节中讲解过了，大家可以去复习一下，本节将直接讨论代码的实现，首先还是使用原生代码。

经过之前的学习我们知道，解决消息乱序的方案就是把需要保证顺序的消息发送到同一个MessageQueue中，所以我们一定是需要编写一个MessageQueue的选择器的，RocketMQ的API中确实有这部分内容，就是MessageQueueSelector。下面就以原生代码异步的发送为例，在发送消息的时候指定队列选择器，主要代码如下，注释已经说明代码的含义。

```
producer.send(
    msg,
    new MessageQueueSelector() {
        @Override
        public MessageQueue select(List<MessageQueue> mqs, Message
msg, Object arg)
    {
            Long orderId = (Long) arg; // 根据订单id选择发送的queue
```

```
                long index = orderId % mqs.size();// 用订单id与
MessageQueue的数量取模
                return mqs.get((int) index);     // 返回一个运算后固定的
MessageQueue
            }
        },
        orderId, // 传入订单id
        new SendCallback() {
            @Override
            public void onSuccess(SendResult sendResult) {
                System.out.println(sendResult);
            }
            @Override
            public void onException(Throwable throwable) {
                    System.out.println(throwable);
                }
        }
);
```

在发送消息时增加一个MessageQueueSelector，就可以实现统一订单id的消息一直会发送到同一个MessageQueue之中，从而解决消息乱序问题。

接着我们来看消费者部分的代码实现，主要代码如下。

```
        consumer.registerMessageListener(new
MessageListenerOrderly() {
            @Override
            public ConsumeOrderlyStatus
consumeMessage(List<MessageExt> msgs,

ConsumeOrderlyContext context) {
                try {
                    // 对有序的消息进行顺序处理
                    for (MessageExt t : msgs) {

                    }
                    return ConsumeOrderlyStatus.SUCCESS;
                } catch (Exception e) {
                    // 如果消息处理出错，返回一个状态，暂停一会儿再来处理这批消息
                        return
ConsumeOrderlyStatus.SUSPEND_CURRENT_QUEUE_A_MOMENT;
                }
            }
        });
```

这里面要注意的是，我们注册的监听器是MessageListenerOrderly，这个监听器为了保

证顺序消费，Consumer会对每一个ConsumerQueue只使用一个线程来处理消息，如果使用了多线程，是无法避免消息乱序的。

至此原生代码的实现已经完成了，Spring Boot的代码原理也是一样的。

消息实体的代码我们就省略了，直接看生产者的代码，如下所示。

```java
package com.huc.rocketmq.order.spring;

import com.huc.rocketmq.spring.DemoMessage;
import org.apache.rocketmq.client.producer.SendCallback;
import org.apache.rocketmq.client.producer.SendResult;
import org.apache.rocketmq.spring.core.RocketMQTemplate;
import org.springframework.beans.factory.annotation.Autowired;
import org.springframework.stereotype.Component;

@Component
public class OrderProducer {

    @Autowired
    private RocketMQTemplate rocketMQTemplate;

    public SendResult syncSend(Integer id) {
        // 创建DemoMessage消息
        DemoMessage message = new DemoMessage();
        message.setId(id);
        // 同步发送消息
        return rocketMQTemplate.syncSendOrderly(DemoMessage.TOPIC,
                message,String.valueOf(id));
    }

    public void asyncSend(Integer id, SendCallback callback) {
        // 创建DemoMessage消息
        DemoMessage message = new DemoMessage();
        message.setId(id);
        // 异步发送消息
        rocketMQTemplate.asyncSendOrderly(DemoMessage.TOPIC,
                message,String.valueOf(id),callback);
    }

    public void onewaySend(Integer id) {
        // 创建DemoMessage消息
        DemoMessage message = new DemoMessage();
        message.setId(id);
        // oneway发送消息
        rocketMQTemplate.sendOneWayOrderly(DemoMessage.TOPIC,
                message,String.valueOf(id));
```

```
        }

}
```

通过以上代码可以看出，每个发送方法中都调用了对应的Orderly方法，并传入了一个id值，默认根据id值采用SelectMessageQueueByHash策略来选择MessageQueue。

接下来我们继续看消费者代码的实现。

```
package com.huc.rocketmq.order.spring;

import com.huc.rocketmq.spring.DemoMessage;
import org.apache.rocketmq.spring.annotation.ConsumeMode;
import org.apache.rocketmq.spring.annotation.RocketMQMessageListener;
import org.apache.rocketmq.spring.core.RocketMQListener;
import org.slf4j.Logger;
import org.slf4j.LoggerFactory;
import org.springframework.stereotype.Component;

@Component
@RocketMQMessageListener(
        topic = DemoMessage.TOPIC,
        consumerGroup = "demo-consumer-group-" + DemoMessage.TOPIC,
        consumeMode = ConsumeMode.ORDERLY // 设置为顺序消费
)
public class OrderConsumer implements RocketMQListener<DemoMessage> {

    private Logger logger = LoggerFactory.getLogger(getClass());

    @Override
    public void onMessage(DemoMessage message) {
        logger.info("[onMessage][线程编号:{} 消息内容：{}]", Thread.
currentThread().getId(), message);
    }

}
```

可以看到消费者代码改动很小，只需要在@RocketMQMessageListener注解中新增consumeMode = ConsumeMode.ORDERLY，就可以指定顺序消费了，小伙伴们可以大胆猜测它的实现原理，和我们的原生代码实现的方式是相同的。

8.5.3 消息过滤代码实现

RocketMQ是包含消息过滤功能的，现在假如我们不使用消息过滤功能，获取到一个Topic中的消息可能包含了相关主题的多个表的信息。

如果我们的需求是根据获取的消息同步某张表A的数据，那么就需要在获取消息后自行判断消息是否属于表A，如果属于表A才去处理，如果不是表A就直接丢弃。

这种做法多了一层逻辑判断，自然会对系统的性能产生影响。这时RocketMQ的过滤机制就可以展示它的作用了，我们在发送消息的时候可以直接给消息指定tag和属性，主要代码如下。

```
// 构建消息对象
Message msg = new Message(
        topic, //这里指定的是topic
        "A",//这里存放的Tag消费者会根据tag进行消息过滤
        message.getBytes(RemotingHelper.DEFAULT_CHARSET));
// 我们还可以设置一些用户自定义的属性
msg.putUserProperty("name","value");
```

消费者在消费数据时就可以根据tag和属性进行过滤了，比如下面的写法。

```
// 订阅test Topic , 第二个参数是通过tag过滤，意思是过滤出tag为A或B的消息
consumer.subscribe("test", "A||B");
```

对应到Spring Boot中的实现也很简单，生产者部分关键代码如下。

```
// 创建DemoMessage消息
Message<DemoMessage> message = MessageBuilder
        .withPayload(new DemoMessage().setId(id))
        .setHeader(MessageConst.PROPERTY_TAGS,"A")// 设置消息的tag
        .build();
```

消费者过滤的主要代码如下。

```
@RocketMQMessageListener(
        topic = DemoMessage.TOPIC,
        consumerGroup = "demo-consumer-group-" + DemoMessage.TOPIC,
        selectorExpression = "A||B" // 通过tag过滤
)
```

消费者部分只要在@RocketMQMessageListener注解中增加selectorExpression属性就可以了。

8.5.4 延时消息代码实现

在讨论延时消息的代码实现之前，我们先回顾一下4.5.2节说过的电商系统的超时未支付业务流程，如图8.13所示。

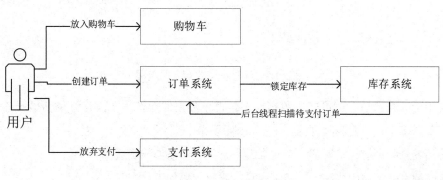

图8.13　放弃支付流程

这个流程的关键问题是超时未支付的订单处于"待支付"状态，并锁定了库存，当时我们提出的解决方案是提供一个后台线程来扫描待支付订单，如果超过30分钟还未支付，就把订单关闭，解锁库存。

大家可以思考一下，这样的解决方案真的可以在生产环境落地吗？

首先，后台线程不停地扫描订单数据，如果订单数据量很大，就会导致严重的系统性能问题。

其次，如果我们的订单系统是一个分布式系统，你的后台线程要如何部署，多久扫描一次？

所以，使用后台线程扫描订单数据并不是一个最优的解决方案，这时本节的主人公延时消息就该出场了。

RocketMQ的延时消息可以做到这样的效果：订单系统发送一条消息，等待30分钟后，这条消息才可以被消费者消费。所以我们引入延时消息后，就可以单独准备一个订单扫描服务来消费延时消息，当它获得消息的时候再去验证订单是否已经支付，如果已经支付，什么都不用做，如果还未支付就去关闭订单，解锁库存的操作，如图8.14所示。

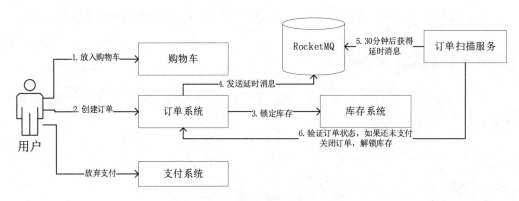

图8.14　延时消息放弃支付流程

使用延时消息后，就可以避免扫描大量订单数据的操作了，而且订单扫描服务也可以分布式部署多个，只要同时订阅一个Topic就可以。

应用场景我们已经了解了，现在来看一下代码应该如何实现。

延时消息使用原生代码实现特别容易，主要代码如下。

```
// 构建消息对象
Message msg = new Message(
        topic, //这里指定延时消息的topic
        message.getBytes(RemotingHelper.DEFAULT_CHARSET));
// 指定延时级别为3
msg.setDelayTimeLevel(3);
producer.send(msg);
```

可以看到最核心的内容就是msg.setDelayTimeLevel(3)，设置了延迟级别。

RocketMQ支持的延迟级别有18个，之前我们已经介绍过，如下所示。

```
messageDelayLevel=1s 5s 10s 30s 1m 2m 3m 4m 5m 6m 7m 8m 9m 10m 20m
30m 1h 2h
```

所以设置为3代表10s后消息可以被消费者消费。

消费者的代码这里就不演示了，没有什么特殊的写法。下面我们来看一下Spring Boot的生产者代码实现。

```
// 创建DemoMessage消息
Message<DemoMessage> message = MessageBuilder
        .withPayload(new DemoMessage().setId(id))
        .build();
// 同步发送消息
return rocketMQTemplate.syncSend(DemoMessage.TOPIC,
```

```
message,
30*1000,
3);//  此处设置的就是延时级别
```

8.6　小结

本章我们通过订单系统的业务，引出了使用RocketMQ面对的三大问题：消息丢失、重复消费和消息乱序。并通过这三个问题引出了RocketMQ的高级功能：事务消息、重试队列、延时消息、死信队列。

如果你能完全掌握这些内容，那么恭喜你，有关RocketMQ核心内容的学习可以算是毕业了。就算你们公司使用的不是RocketMQ，也可以根据学习RocketMQ的思路很快掌握其他消息中间件的原理，因为无论是什么消息中间件，在解决一些问题的时候，使用的套路是相通的。

作业：希望读者能够按照本章实战内容，亲自动手实践一下，测试一下RocketMQ的高级功能，另外，对于死信队列应该如何处理就留给读者自己去探索了。

第 9 章

走进 RocketMQ 底层

　　之前我们已经把RocketMQ的核心内容讲解完毕，小伙伴们可以真正地将RocketMQ引入实际工作中了。

　　但如果坚持学习完本章，你完全可以说自己精通RocketMQ了。因为本章将带领读者走进RocketMQ的底层，直接阅读RocketMQ的底层核心源码。

　　本章主要涉及的知识点如下。

- RocketMQ源码结构介绍。
- NameServer核心源码解析。
- Broker核心源码解析。
- Producer与Consumer核心源码解析。

9.1　开启源码阅读之路

　　想要学习源码，首先一定要获取到源码，并在本地搭建起源码的环境，本节将和大家一起从零开始搭建RocketMQ的源码环境，为阅读源码铺垫基石。

9.1.1　RocketMQ 源码结构介绍

　　相信小伙伴们一定迫不及待地想要知道一个问题的答案，如何获取RocketMQ的源码？

　　如果是按照顺序阅读到现在的读者一定还记得，当我们在学习6.4节，部署一个RocketMQ集群的时候，已经获取到了RocketMQ的源码，使用如下git命令拉取即可。

```
git clone https://github.com/apache/rocketmq.git
```

　　拉取后的代码我们是可以用idea工具直接以maven项目的方式打开的，如图9.1和图9.2所示。

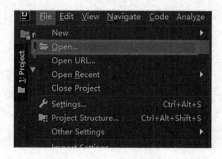

图9.1　打开RocketMQ源码项目步骤1

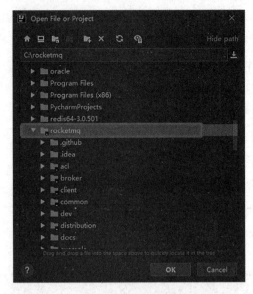

图9.2　打开RocketMQ源码项目步骤2

打开项目后，等待Maven构建，构建完成后项目结构如图9.3所示。

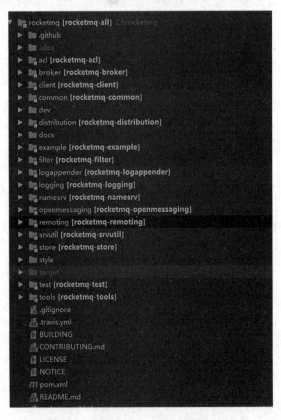

图9.3　打开RocketMQ源码项目步骤3

接下来我们一起看一下RocketMQ的源码目录结构。

broker：RocketMQ的Broker源码，可以用来启动Broker进程。

client：存放RocketMQ的Producer、Consumer这些客户端的代码。

common：公共代码。

dev：开发相关信息。

distribution：部署RocketMQ的一些东西。

example：RocketMQ的一些例子。

filter：RocketMQ的一些过滤器。

logappender和logging：RocketMQ的日志打印相关。

namesvr：NameServer的源码。

openmessaging：这是开放消息标准，先忽略。

remoting：RocketMQ的远程网络通信模块的代码，基于netty实现。

srvutil：工具类。

store：消息在Broker上进行存储相关的一些源码。

style：这里放的是代码检查的东西。

test：测试相关的类。

tools：一些命令行监控工具类。

9.1.2 启动 NameServer 与 Broker

现在我们已经获得了RocketMQ的源码，那么如何阅读源码呢？比较合适的方式就是直接使用源码运行，通过断点跟踪源码的运行轨迹，所以我们首先要使用源码启动NameServer与Broker。

1. 启动NameServer

NameServer的启动类在namesrv项目下，类名为NamesrvStartup，启动之前我们需要配置ROCKETMQ_HOME环境变量，它的值你可以自己指定一个新建的目录，这个目录就是NameServer的运行目录，设置方法如图9.4和图9.5所示。

说明：没有图中的NamesrvStartup启动配置，可以先手动运行一下NamesrvStartup类，就会自动生成默认启动配置了。

图9.4　设置ROCKETMQ_HOME环境变量步骤1

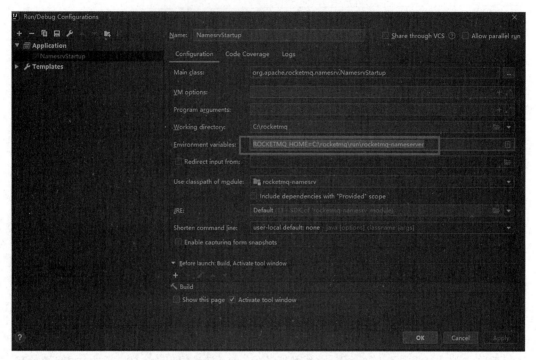

图9.5　设置ROCKETMQ_HOME环境变量步骤2

然后我们要在新建的运行目录下创建conf、logs、store三个文件夹，把distribution/conf下的broker.conf和logback_namesrv.xml复制到新创建的conf目录下。

首先修改logback_namesvr.xml这个文件，里面有很多的${user.home}，你直接把这些user.home全部替换为ROCKETMQ_HOME就可以了，因为我们启动的时候已经指定了ROCKETMQ_HOME环境变量。

接着修改broker.conf，修改内容如下。

```
brokerClusterName = DefaultCluster
brokerName = broker-a
brokerId = 0
# 这是nameserver的地址
namesrvAddr=127.0.0.1:9876
deleteWhen = 04
```

```
fileReservedTime = 48
brokerRole = ASYNC_MASTER
flushDiskType = ASYNC_FLUSH
# 这是存储路径，设置为你的rocketmq运行目录的store子目录
storePathRootDir=你的rocketmq运行目录的store子目录
# 这是commitLog的存储路径
storePathCommitLog=你的rocketmq运行目录的store子目录/commitlog
# consume queue文件的存储路径
storePathConsumeQueue=你的rocketmq运行目录的store子目录/consumequeue
# 消息索引文件的存储路径
storePathIndex=你的rocketmq运行目录的store子目录/index
# checkpoint文件的存储路径
storeCheckpoint=你的rocketmq运行目录的store子目录/checkpoint
# abort文件的存储路径
abortFile=你的rocketmq运行目录/abort
# 设置topic会自动创建
autoCreateTopicEnable=true
```

以上内容全部设置完成后，我们直接运行NamesvrStartup类试一试，如果控制台出现如下内容，就说明NameServer启动成功了。

```
Connected to the target VM, address: '127.0.0.1:10955', transport: 'socket'
The Name Server boot success. serializeType=JSON
```

2. 启动Broker

现在我们开始启动Broker，Broker的启动类在broker项目中，类名为BrokerStartup，同样需要先设置ROCKETMQ_HOME环境变量，这里的配置方式与NameServer相同。不过Broker除了设置这个环境变量，还需要指定启动的配置文件，格式为-c rocketmq运行目录/conf/broker.conf，如图9.6所示。

另外我们需要把distribution/conf下的logback-broker.xml复制到新创建的conf目录下，并把里面的user.home全部替换为ROCKETMQ_HOME，修改过程与NameServer相同。

以上内容都设置过后，我们就可以直接启动BrokerStartup了，启动成功后控制台打印内容如下。

```
Connected to the target VM, address: '127.0.0.1:7471', transport: 'socket'
The broker[broker-a, 10.88.4.133:10911] boot success. serializeType=
JSON and name server is 127.0.0.1:9876
```

然后我们在本地启动一下管控台，具体启动方式我们之前已经讲过了，直接把jar包放到运行环境下，使用如下命令启动即可。

```
java  -jar       rocketmq-console-ng-2.0.0.jar --server,port=8080
--rocketmq.config.namesrvAddr=127.0.0.1:9876
```

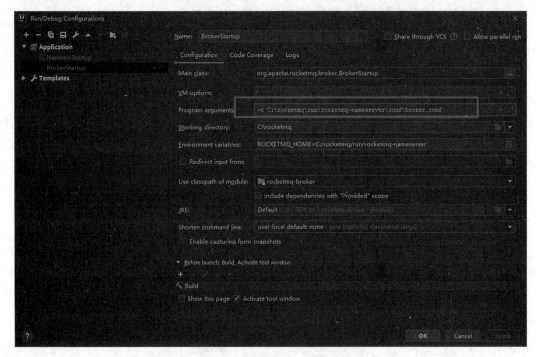

图9.6　设置broker启动配置

打开管控台中的集群页面，可以看到我们启动的单个集群，如图9.7所示。

分片	编号	地址	版本	生产消息TPS	消费消息TPS	昨日生产总数	昨日消费总数	今天生产总数	今天消费总数	操作
broker-a	0(master)	10.88.4.133:10911	V4_4_0	0.00	0.00	0	0	0	0	

图9.7　管控台集群显示

9.1.3　测试生产消息和消费消息

至此，我们的源码环境已经搭建完成了，如何使用代码来测试一下环境运行情况呢？其实RocketMQ的源码中已经提供了代码使用示例，没错，就是example项目。我们打开example项目下的org.apache.rocketmq.example.quickstart包，可以看到一个Producer和一个Consumer。

我们可以在Producer增加如下代码，指定NameServer地址。

```
producer.setNamesrvAddr("127.0.0.1:9876");
```

Consumer也是同理，增加如下代码。

```
consumer.setNamesrvAddr("127.0.0.1:9876");
```

然后我们执行Producer和Consumer，再打开管控台，如图9.8所示。

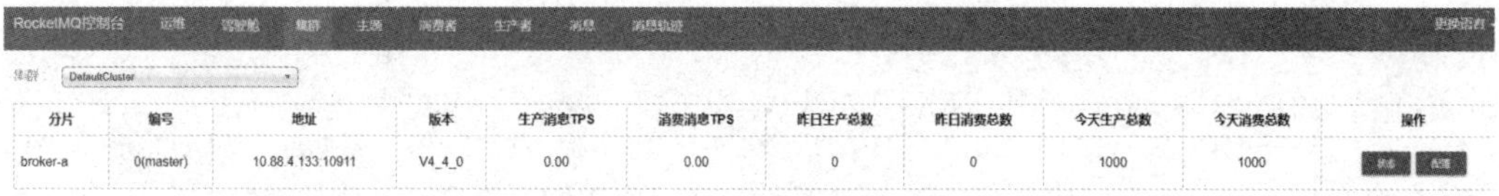

分片	编号	地址	版本	生产消息TPS	消费消息TPS	昨日生产总数	昨日消费总数	今天生产总数	今天消费总数	操作
broker-a	0(master)	10.88.4.133.10911	V4_4_0	0.00	0.00	0	0	1000	1000	状态 配置

图9.8　管控台集群显示

可以看到，生产和消费了1000条消息，到此，我们的源码环境就彻底搭建完毕，接下来就可以去打断点调试了，有没有一点小期待呢？

9.2　NameServer源码解析

从本节开始，我们将正式进入阅读源码的环节。可能很多小伙伴觉得阅读源码是一件很难的事，可能你已经看过很多相关源码解析的书籍、博客甚至是教学视频，但还是弄不懂如何阅读源码。那是为什么呢？你能说这些作者创作的内容不好吗？

其实不是这样的，这些内容往往质量都很高，但可能你还是看不懂。究其原因，其实是这些书籍、博客、教学视频的作者本身对源码的理解特别深刻，所以他们会按照自己的节奏来创作作品，比如按模块单独讲解，每一块讲解得都很细致，但这对于一些没有阅读过源码，不知从哪入手的读者来说，学习起来就不那么好理解了。

对于RocketMQ的源码，直至现在，其实笔者还没有看过，所以我会以一个纯小白的视角来和大家一起逐渐深入源码，一起学习。

9.2.1　NameServer 的启动与配置的加载

首先我们就从NameServer的启动讲起，为什么选择从这里开始呢？因为我们搭建RocketMQ环境的第一步，不就是启动NameServer吗？

大家可以回忆一下，我们在搭建RocketMQ集群时，是如何启动NameServer的。没错，我们使用的是distribution/bin目录下的mqnamesrv这个脚本，所以先来看一看这个脚本里都有什么内容。其实主要的就是如下内容。

```
sh ${ROCKETMQ_HOME}/bin/runserver.sh org.apache.rocketmq.namesrv.
NamesrvStartup $@
```

意思就是使用sh命令执行了runserver.sh脚本，然后通过这个脚本启动NamesrvStartup。
接下来我们看一下runserver.sh脚本中的内容。

```
JAVA_OPT="${JAVA_OPT} -server -Xms4g -Xmx4g -Xmn2g
-XX:MetaspaceSize=128m -XX:MaxMetaspaceSize=320m"
JAVA_OPT="${JAVA_OPT} -XX:+UseConcMarkSweepGC -XX:+UseCMSCompactAt
FullCollection -XX:CMSInitiatingOccupancyFraction=70
-XX:+CMSParallelRemarkEnabled -XX:SoftRefLRUPolicyMSPerMB=0
-XX:+CMSClassUnloadingEnabled -XX:SurvivorRatio=8  -XX:-
UseParNewGC"
JAVA_OPT="${JAVA_OPT} -verbose:gc -Xloggc:/dev/shm/rmq_srv_gc.log
-XX:+PrintGCDetails"
JAVA_OPT="${JAVA_OPT} -XX:-OmitStackTraceInFastThrow"
JAVA_OPT="${JAVA_OPT}  -XX:-UseLargePages"
JAVA_OPT="${JAVA_OPT} -Djava.ext.dirs=${JAVA_HOME}/jre/lib/
ext:${BASE_DIR}/lib"
#JAVA_OPT="${JAVA_OPT} -Xdebug -Xrunjdwp:transport=dt_socket,addre
ss=9555,server=y,suspend=n"
JAVA_OPT="${JAVA_OPT} ${JAVA_OPT_EXT}"
JAVA_OPT="${JAVA_OPT} -cp ${CLASSPATH}"

$JAVA ${JAVA_OPT} $@
```

其实就是使用Java命令调用NamesrvStartup的main()方法，接下来我们就看看这个main
方法吧。

```
    public static void main(String[] args) {
        main0(args);
    }

    public static NamesrvController main0(String[] args) {

        try {
            NamesrvController controller =
createNamesrvController(args);
            start(controller);
            String tip = "The Name Server boot success. serializeType=" +
RemotingCommand.getSerializeTypeConfigInThisServer();
            log.info(tip);
            System.out.printf("%s%n", tip);
```

```
        return controller;
    } catch (Throwable e) {
        e.printStackTrace();
        System.exit(-1);
    }

    return null;
}
```

首先就是创建了一个NamesrvController，它是做什么的呢？其实我们可以猜测一下，Controller在平时的项目一般是提供接口的，那么NamesrvController可能就是为Broker提供注册接口、为生产者提供查询接口等功能，如图9.9所示。

图9.9　猜测NamesrvController的功能

当然这只是我们的猜测，现在继续阅读源码，看一下createNamesrvController(args)这个方法里面的内容。

```
public static NamesrvController createNamesrvController(String[]
args) throws IOException, JoranException {
    System.setProperty(RemotingCommand.REMOTING_VERSION_KEY,
Integer.toString(MQVersion.CURRENT_VERSION));
    //PackageConflictDetect.detectFastjson();

    Options options = ServerUtil.buildCommandlineOptions(new
Options());
    commandLine = ServerUtil.parseCmdLine("mqnamesrv", args,
buildCommandlineOptions(options), new PosixParser());
    if (null == commandLine) {
        System.exit(-1);
        return null;
    }

    final NamesrvConfig namesrvConfig = new NamesrvConfig();
    final NettyServerConfig nettyServerConfig = new
NettyServerConfig();
    nettyServerConfig.setListenPort(9876);
    if (commandLine.hasOption('c')) {
        String file = commandLine.getOptionValue('c');
```

```
            if (file != null) {
                InputStream in = new BufferedInputStream(new
FileInputStream(file));
                properties = new Properties();
                properties.load(in);
                MixAll.properties2Object(properties, namesrvConfig);
                MixAll.properties2Object(properties, nettyServerConfig);

                namesrvConfig.setConfigStorePath(file);

                System.out.printf("load config properties file OK,
%s%n", file);
                in.close();
            }
        }

        if (commandLine.hasOption('p')) {
            InternalLogger console = InternalLoggerFactory.
getLogger(LoggerName.NAMESRV_CONSOLE_NAME);
            MixAll.printObjectProperties(console, namesrvConfig);
            MixAll.printObjectProperties(console,
nettyServerConfig);
            System.exit(0);
        }

        MixAll.properties2Object(ServerUtil.commandLine2Properties
(commandLine), namesrvConfig);

        if (null == namesrvConfig.getRocketmqHome()) {
            System.out.printf("Please set the %s variable in your
environment to match the location of the RocketMQ installation%n",
MixAll.ROCKETMQ_HOME_ENV);
            System.exit(-2);
        }

        LoggerContext lc = (LoggerContext) LoggerFactory.
getILoggerFactory();
        JoranConfigurator configurator = new JoranConfigurator();
        configurator.setContext(lc);
        lc.reset();
        configurator.doConfigure(namesrvConfig.getRocketmqHome() +
"/conf/logback_namesrv.xml");

        log = InternalLoggerFactory.getLogger(LoggerName.NAMESRV_
LOGGER_NAME);

        MixAll.printObjectProperties(log, namesrvConfig);
```

```
        MixAll.printObjectProperties(log, nettyServerConfig);

        final NamesrvController controller = new NamesrvController
(namesrvConfig, nettyServerConfig);

        // remember all configs to prevent discard
        controller.getConfiguration().registerConfig(properties);

        return controller;
    }
```

看到这么一大堆代码，是不是有种脑壳疼的感觉？如果你一行一行地阅读，看到一个方法就要看里面是怎么实现的当然会很头疼，其实阅读源码只要阅读一些关键代码就可以了，非关键代码猜测一下大概意思即可，比如此方法开头部分的代码。

```
        System.setProperty(RemotingCommand.REMOTING_VERSION_KEY,
Integer.toString(MQVersion.CURRENT_VERSION));
        //PackageConflictDetect.detectFastjson();

        Options options = ServerUtil.buildCommandlineOptions(new
Options());
        commandLine = ServerUtil.parseCmdLine("mqnamesrv", args,
buildCommandlineOptions(options), new PosixParser());
        if (null == commandLine) {
            System.exit(-1);
            return null;
        }
```

看完之后的第一感受就是不知道什么意思，但一定能判断出这段代码不是核心代码，所以我们根据英文含义大概猜测一下即可，根据英文含义，我们猜测这部分代码就是从命令行中获得一些信息。

接着继续往下看，就是以下的三段代码。

```
        final NamesrvConfig namesrvConfig = new NamesrvConfig();
        final NettyServerConfig nettyServerConfig = new
NettyServerConfig();
        nettyServerConfig.setListenPort(9876);
```

这三行代码可以看出两个配置类，NamesrvConfig就是NameServer运行的一些配置参数，NettyServerConfig就是接收网络请求的配置参数，底层使用Nettey实现，并设置了监听端口为9876。

接着再往下。

```
        if (commandLine.hasOption('c')) {
            String file = commandLine.getOptionValue('c');
            if (file != null) {
                InputStream in = new BufferedInputStream(new File
InputStream(file));
                properties = new Properties();
                properties.load(in);
                MixAll.properties2Object(properties, namesrvConfig);
                MixAll.properties2Object(properties, nettyServerConfig);

                namesrvConfig.setConfigStorePath(file);

                System.out.printf("load config properties file OK,
%s%n", file);

                in.close();
            }
        }
```

这部分代码还是很容易看懂的，从命令行中获取到c后的内容，通过输入流将配置文件的内容设置到NamesrvConfig和NettyServerConfig中。

再往下的代码都可以很容易推测出它们的含义，基本都与配置和日志有关，就不一一说明了。

方法的最后部分就是创建出NamesrvController对象，并作为返回值返回。

```
        final NamesrvController controller = new NamesrvController
(namesrvConfig, nettyServerConfig);

        // remember all configs to prevent discard
        controller.getConfiguration().registerConfig(properties);
```

所以可以得出结论，在创建NamesrvController的时候会读取配置文件，且网络部分的底层使用Netty实现，如图9.10所示。

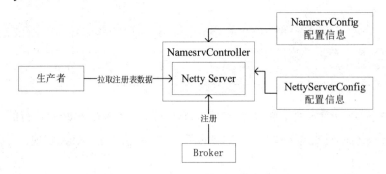

图9.10　NamesrvController的创建

9.2.2　NameServer 网络通信的初始化

目前我们已经创建了NamesrvController对象，它的构造方法如下。

```
    public NamesrvController(NamesrvConfig namesrvConfig,
NettyServerConfig nettyServerConfig) {
        this.namesrvConfig = namesrvConfig;
        this.nettyServerConfig = nettyServerConfig;
        this.kvConfigManager = new KVConfigManager(this);
        this.routeInfoManager = new RouteInfoManager();
        this.brokerHousekeepingService = new BrokerHousekeepingService
(this);
        this.configuration = new Configuration(
            log,
            this.namesrvConfig, this.nettyServerConfig
        );
        this.configuration.setStorePathFromConfig(this.
namesrvConfig, "configStorePath");
    }
```

这段构造方法的代码没什么可说的，就是初始化一些配置信息，没有特殊的操作。那么Nettey服务器是如何被建立起来的呢？

现在我们再回到main0方法中。

```
    public static NamesrvController main0(String[] args) {

        try {
            NamesrvController controller =
createNamesrvController(args);
            start(controller);
            String tip = "The Name Server boot success.
serializeType=" + RemotingCommand.getSerializeTypeConfigInThisServ
er();

            log.info(tip);
            System.out.printf("%s%n", tip);
            return controller;
        } catch (Throwable e) {
            e.printStackTrace();
            System.exit(-1);
        }

        return null;
    }
```

可以看到，当创建了NamesrvController 后，执行了start(controller)方法，所以可以猜测这个方法应该就是启动Netty网络服务，进入方法后，可以看到一行关键代码。

```
boolean initResult = controller.initialize();
```

这行代码一看就是对NamesrvController执行了初始化操作，我们进入initialize()看一看。这里面的主要代码如下。

```
this.kvConfigManager.load();

this.remotingServer = new NettyRemotingServer(this.
nettyServerConfig, this.brokerHousekeepingService);
```

kvConfigManager可以认为是一些k-v配置信息，我们可以忽略，而第二行很明显，构造了一个NettyRemotingServer，也就是Netty网络服务器。

我们再进入NettyRemotingServer的构造方法，可以看到下面的关键代码。

```
this.serverBootstrap = new ServerBootstrap();
```

如果小伙伴们学习过Netty，一定知道ServerBootstrap是Netty的核心类，代表着Netty网络服务器，通过它可以实现对某个端口的请求进行监听。

现在我们更新一下源码的流程图，如图9.11所示。

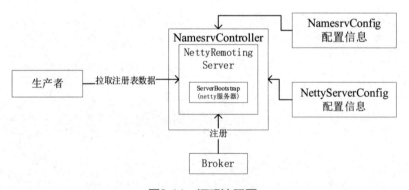

图9.11　源码流程图

9.2.3　NameServer 中 Netty 是如何启动的

至此，Netty网络已经初始化完毕，那么它是如何启动的呢？我们接着一点点来看initialize()方法的剩余代码。

```
this.remotingExecutor =
        Executors.newFixedThreadPool(nettyServerConfig.getServer
WorkerThreads(),
new ThreadFactoryImpl("RemotingExecutorThread_"));
```

这部分代码其实是指定了Netty服务器的工作线程池。

```
this.registerProcessor();
```

这部分代码表示把线程池注册给了Netty服务器。

```
        this.scheduledExecutorService.scheduleAtFixedRate(new
Runnable() {

            @Override
            public void run() {
                NamesrvController.this.routeInfoManager.
scanNotActiveBroker();
            }
        }, 5, 10, TimeUnit.SECONDS);
```

这部分代码可以看出来是启动了一个后台的线程，具体是做什么的呢？我们可以根据scanNotActiveBroker()这个方法来大胆地猜测，这个后台线程就是用来扫描没有激活的Broker的，也就是之前我们说过的心跳检测机制，里面的详细实现我们暂且不去深究。

我们继续向下看。

```
        this.scheduledExecutorService.scheduleAtFixedRate(new
Runnable() {

            @Override
            public void run() {
                NamesrvController.this.kvConfigManager.
printAllPeriodically();
            }
        }, 1, 10, TimeUnit.MINUTES);
```

这部分代码同样是启用了一个后台线程，可以看出这个后台线程主要是用来打印kv配置信息的。接着来看最后一部分代码。

```
        if (TlsSystemConfig.tlsMode != TlsMode.DISABLED) {
            // Register a listener to reload SslContext
            try {
                fileWatchService = new FileWatchService(
```

```
                        new String[] {
                        TlsSystemConfig.tlsServerCertPath,
                        TlsSystemConfig.tlsServerKeyPath,
                        TlsSystemConfig.tlsServerTrustCertPath
                    },
                    new FileWatchService.Listener() {
                    boolean certChanged, keyChanged = false;
                    @Override
                    public void onChanged(String path) {
                        if (path.equals(TlsSystemConfig.
tlsServerTrustCertPath)) {
                            log.info("The trust certificate
changed, reload the ssl context");
                            reloadServerSslContext();
                        }
                        if (path.equals(TlsSystemConfig.
tlsServerCertPath)) {
                            certChanged = true;
                        }
                        if (path.equals(TlsSystemConfig.
tlsServerKeyPath)) {
                            keyChanged = true;
                        }
                        if (certChanged && keyChanged) {
                            log.info("The certificate and
private key changed, reload the ssl context");
                            certChanged = keyChanged = false;
                            reloadServerSslContext();
                        }
                    }
                    private void reloadServerSslContext() {
                        ((NettyRemotingServer)
remotingServer).loadSslContext();
                    }
                });
        } catch (Exception e) {
            log.warn("FileWatchService created error, can't
load the certificate dynamically");
        }
    }
```

　　这部分代码一眼看去根本不知道在干什么，笔者也没有看懂，所以我们暂且忽略它，不必浪费时间。

　　现在我们把整个的initialize()方法大体上看完了，还记得这个方法是在哪里调用的吗？我们返回到调用这个方法的start方法中，如下。

```
    public static NamesrvController start(final NamesrvController
controller) throws Exception {

        if (null == controller) {
            throw new IllegalArgumentException("NamesrvController is
null");
        }

        boolean initResult = controller.initialize();
        if (!initResult) {
            controller.shutdown();
            System.exit(-3);
        }

        Runtime.getRuntime().addShutdownHook(new ShutdownHookThread
(log, new Callable<Void>() {
            @Override
            public Void call() throws Exception {
                controller.shutdown();
                return null;
            }
        }));

        controller.start();

        return controller;
    }
```

initialize()方法的后面我们可以看到，通过Runtime类注册了一个JVM关闭时的回调函数，这个回调函数里面执行了controller.shutdown()，这无非就是一些关闭资源的操作。

再往下就是执行controller.start()了，这行代码就是启动Netty服务的关键代码，我们进入方法内部看一下。

```
    public void start() throws Exception {
        this.remotingServer.start();

        if (this.fileWatchService != null) {
            this.fileWatchService.start();
        }
    }
```

可以看到执行了remotingServer.start()方法，这个方法的内容较多，代码如下。

```
    public void start() {
        this.defaultEventExecutorGroup = new
```

```
DefaultEventExecutorGroup(
        nettyServerConfig.getServerWorkerThreads(),
        new ThreadFactory() {

            private AtomicInteger threadIndex = new
AtomicInteger(0);

            @Override
            public Thread newThread(Runnable r) {
                return new Thread(r, "NettyServerCodecThread_"
+ this.threadIndex.incrementAndGet());
            }
        });

    ServerBootstrap childHandler =
        this.serverBootstrap.group(this.eventLoopGroupBoss,
this.eventLoopGroupSelector)
                .channel(useEpoll() ? EpollServerSocketChannel.
class : NioServerSocketChannel.class)
                .option(ChannelOption.SO_BACKLOG, 1024)
                .option(ChannelOption.SO_REUSEADDR, true)
                .option(ChannelOption.SO_KEEPALIVE, false)
                .childOption(ChannelOption.TCP_NODELAY, true)
                .childOption(ChannelOption.SO_SNDBUF,
nettyServerConfig.getServerSocketSndBufSize())
                .childOption(ChannelOption.SO_RCVBUF,
nettyServerConfig.getServerSocketRcvBufSize())
                .localAddress(new InetSocketAddress(this.
nettyServerConfig.getListenPort()))
                .childHandler(new ChannelInitializer<SocketChannel
>() {
                    @Override
                    public void initChannel(SocketChannel ch)
throws Exception {
                        ch.pipeline()
                            .addLast(defaultEventExecutorGroup,
HANDSHAKE_HANDLER_NAME,
                                new HandshakeHandler(TlsSystemConf
ig.tlsMode))
                            .addLast(defaultEventExecutorGroup,
                                new NettyEncoder(),
                                new NettyDecoder(),
                                new IdleStateHandler(0, 0,
nettyServerConfig.getServerChannelMaxIdleTimeSeconds()),
                                new NettyConnectManageHandler(),
                                new NettyServerHandler()
                            );
```

```
                    }
                });

        if (nettyServerConfig.isServerPooledByteBufAllocatorEnab
le()) {
            childHandler.childOption(ChannelOption.ALLOCATOR,
PooledByteBufAllocator.DEFAULT);
        }

        try {
            ChannelFuture sync = this.serverBootstrap.bind().sync();
            InetSocketAddress addr = (InetSocketAddress) sync.channel().
localAddress();
            this.port = addr.getPort();
        } catch (InterruptedException e1) {
            throw new RuntimeException("this.serverBootstrap.bind().
sync() InterruptedException", e1);
        }

        if (this.channelEventListener != null) {
            this.nettyEventExecutor.start();
        }

        this.timer.scheduleAtFixedRate(new TimerTask() {

            @Override
            public void run() {
                try {
                    NettyRemotingServer.this.scanResponseTable();
                } catch (Throwable e) {
                    log.error("scanResponseTable exception", e);
                }
            }
        }, 1000 * 3, 1000);
    }
```

　　我们会发现，里面的内容就是基于Netty的API去配置和启动一个Netty网络服务器，有关Netty的各种API与参数配置，本文就不做详细说明了，感兴趣的小伙伴可以去查阅一些有关Netty的资料。

　　方法的最后启动了一个后台线程用于扫描ResponseTable，我们看一下scanResponseTable()这个方法的说明。

```
This method is periodically invoked to scan and expire deprecated
request
```

翻译过来就是"定期调用此方法来扫描已弃用的请求并使其过期"。

到此为止，你可以认为Netty服务器已经启动了，开始监听9876端口。

9.3 Broker源码解析

9.2节我们已经分析了NameServer启动部分的源码，知道了NameServer的网络底层就是使用Netty实现的。现在NameServer已经成功启动了，那接下来当然就是启动Broker了，所以本节我们就开始阅读Broker的相关源码。

9.3.1 Broker 的启动

Broker的启动也是和NameServer一样，通过脚本调用Java代码，之前我们已经从脚本开始分析了NameServer的启动，所以这里不再去看脚本，我们直接去看BrokerStartup的main方法。

```
public static void main(String[] args) {
    start(createBrokerController(args));
}
```

看到这行代码，是不是觉得很眼熟，也是先创建一个Controller，然后调用start方法。我们就先从createBrokerController(args)这个方法看起。

首先映入眼帘的就是下面的代码。

```
    System.setProperty(RemotingCommand.REMOTING_VERSION_KEY,
Integer.toString(MQVersion.CURRENT_VERSION));

    if (null == System.getProperty(NettySystemConfig.COM_ROCKETMQ_
REMOTING_SOCKET_SNDBUF_SIZE)) {
        NettySystemConfig.socketSndbufSize = 131072;
    }

    if (null == System.getProperty(NettySystemConfig.COM_ROCKETMQ_
REMOTING_SOCKET_RCVBUF_SIZE)) {
        NettySystemConfig.socketRcvbufSize = 131072;
    }

    try {
        //PackageConflictDetect.detectFastjson();
        Options options = ServerUtil.buildCommandlineOptions
```

```
(new Options());
            commandLine = ServerUtil.parseCmdLine("mqbroker", args,
buildCommandlineOptions(options),
                new PosixParser());
            if (null == commandLine) {
                System.exit(-1);
            }
```

这些代码一看就不是核心代码，无非就是设置一些变量值，创建命令行对象等，我们直接向下看。

```
            final BrokerConfig brokerConfig = new BrokerConfig();
            final NettyServerConfig nettyServerConfig = new
NettyServerConfig();
            final NettyClientConfig nettyClientConfig = new
NettyClientConfig();
```

这三行代码明显是Broker的核心配置类，根据命名可以知道它们分别代表着Broker的运行配置、Netty服务器的配置、Netty客户端的配置。

```
            nettyClientConfig.setUseTLS(Boolean.
parseBoolean(System.getProperty(TLS_ENABLE,
                String.valueOf(TlsSystemConfig.tlsMode == TlsMode.
ENFORCING))));
            nettyServerConfig.setListenPort(10911);
```

这段代码设置了Netty客户端的TLS的配置，并指定了Netty服务器的端口号为10911，至于TLS是什么，你可以自己去查阅资料了解一下，其实没必要知道那么细。

```
            final MessageStoreConfig messageStoreConfig = new
MessageStoreConfig();

            if (BrokerRole.SLAVE == messageStoreConfig.
getBrokerRole()) {
                int ratio = messageStoreConfig.getAccessMessageInM-
emoryMaxRatio() - 10;
                messageStoreConfig.setAccessMessageInMemoryMaxRati-
o(ratio);
            }
```

这部分代码明显的是在指定Broker存储的一些配置信息，并判断如果是slave节点，做一下特殊的配置。

看到这里，小伙伴们有什么感受？是不是和我们看NameServer的时候套路类似。

可能有的小伙伴会问，为什么Broker中提供了Netty的服务端，同时又提供了Netty的客户端？其实回忆一下Broker的定位，就可以明白，服务端是提供给生产者来访问的，而客户端是用来连接NameServer的。

我们总结一下BrokerController中的主要配置，如图9.12所示。

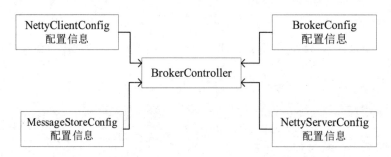

图9.12 BrokerController主要配置

继续看下面的代码。

```
if (commandLine.hasOption('c')) {
    String file = commandLine.getOptionValue('c');
    if (file != null) {
    configFile = file;
    InputStream in = new BufferedInputStream(new
FileInputStream(file));
    properties = new Properties();
    properties.load(in);

    properties2SystemEnv(properties);
    MixAll.properties2Object(properties,
brokerConfig);
    MixAll.properties2Object(properties,
nettyServerConfig);
    MixAll.properties2Object(properties,
nettyClientConfig);
    MixAll.properties2Object(properties,
messageStoreConfig);

    BrokerPathConfigHelper.
setBrokerConfigPath(file);
    in.close();
    }
    }

    MixAll.properties2Object(ServerUtil.commandLine2Proper
ties(commandLine), brokerConfig);
```

```
        if (null == brokerConfig.getRocketmqHome()) {
            System.out.printf("Please set the %s variable in your
environment to match the location of the RocketMQ installation",
MixAll.ROCKETMQ_HOME_ENV);
            System.exit(-2);
        }
```

这部分代码其实就是从命令行中获取c的值，并进行一些配置信息的初始化。

```
        String namesrvAddr = brokerConfig.getNamesrvAddr();
        if (null != namesrvAddr) {
            try {
                String[] addrArray = namesrvAddr.split(";");
                for (String addr : addrArray) {
                    RemotingUtil.string2SocketAddress(addr);
                }
            } catch (Exception e) {
                System.out.printf(
                    "The Name Server Address[%s] illegal, please
set it as follows, \"127.0.0.1:9876;192.168.0.1:9876\"%n",
                    namesrvAddr);
                System.exit(-3);
            }
        }
```

从这段代码中我们可以看到，多个nameServer的地址是用"；"分割的。

```
        switch (messageStoreConfig.getBrokerRole()) {
            case ASYNC_MASTER:
            case SYNC_MASTER:
                brokerConfig.setBrokerId(MixAll.MASTER_ID);
                break;
            case SLAVE:
                if (brokerConfig.getBrokerId() <= 0) {
                    System.out.printf("Slave's brokerId must be
> 0");
                    System.exit(-3);
                }

                break;
            default:
                break;
        }
```

这部分代码就是根据不同的角色，进行相应设置，可以看出master的brokerId会被设置成0，slave的brokerId如果是小于等于0，会打印异常。

```
messageStoreConfig.setHaListenPort(nettyServerConfig.
getListenPort() + 1);
```

这行代码设置了broker的HA端口号。

再往后看，又是一大堆的打印代码了，这里就不再一一说明，相信小伙伴们可以自己看懂了。

9.3.2 BrokerController 的创建与初始化

我们忽略那一大堆的打印代码，继续往下看，就可以看到BrokerController的创建代码了。

```
final BrokerController controller = new BrokerController(
    brokerConfig,
    nettyServerConfig,
    nettyClientConfig,
    messageStoreConfig);
// remember all configs to prevent discard
controller.getConfiguration().registerConfig(properties);
```

接下来进入BrokerController的构造方法，会发现它的构造方法里面内容很多，不过都是一些变量值的初始化，我们暂且不去关心。到目前为止，我们可以整理一下Broker的结构，如图9.13所示。

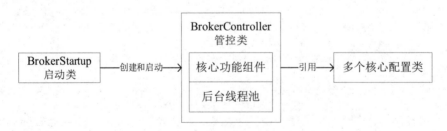

图9.13　Broker的结构图

BrokerController创建完成后，紧接着就是执行了初始化方法，并指定了JVM关闭时的回调函数，如下所示。

```
boolean initResult = controller.initialize();
if (!initResult) {
    controller.shutdown();
    System.exit(-3);
```

```
            }

          Runtime.getRuntime().addShutdownHook(new Thread(new
Runnable() {
            private volatile boolean hasShutdown = false;
            private AtomicInteger shutdownTimes = new
AtomicInteger(0);

            @Override
            public void run() {
              synchronized (this) {
                log.info("Shutdown hook was invoked, {}",
this.shutdownTimes.incrementAndGet());
                if (!this.hasShutdown) {
                  this.hasShutdown = true;
                  long beginTime = System.currentTime
Millis();

                  controller.shutdown();
                  long consumingTimeTotal = System.current
TimeMillis() - beginTime;

                  log.info("Shutdown hook over, consuming
total time(ms): {}", consumingTimeTotal);
                }
              }
            }
          }, "ShutdownHook"));
```

　　我们接下来就应该去看一下controller.initialize()这个方法了，当你打开这个方法的源码后，会看到一大堆的代码，并且可能有种不想再看下去的感觉。其实我们没有必要全都看懂，脑子里对这个方法有个印象就可以了。

　　首先我们来看开头的四行代码。

```
    boolean result = this.topicConfigManager.load();
    result = result && this.consumerOffsetManager.load();
    result = result && this.subscriptionGroupManager.load();
    result = result && this.consumerFilterManager.load();
```

　　可以看出它其实就是在加载一些数据到内存，根据英文含义可以猜测出这些配置包括：topic配置、consumer的Offset、订阅组、消费过滤器。如果加载成功，这个result必然就是true。我们接着往下看。

```
    if (result) {
      try {
        this.messageStore =
```

```
            new DefaultMessageStore(this.messageStoreConfig,
this.brokerStatsManager, this.messageArrivingListener,
            this.brokerConfig);
        if (messageStoreConfig.isEnableDLedgerCommitLog()) {
            DLedgerRoleChangeHandler roleChangeHandler = new
DLedgerRoleChangeHandler(this, (DefaultMessageStore) messageStore);
            ((DLedgerCommitLog)((DefaultMessageStore)
messageStore).getCommitLog()).getdLedgerServer().
getdLedgerLeaderElector().addRoleChangeHandler(roleChangeHandler);
        }
        this.brokerStats = new BrokerStats((DefaultMessage
Store) this.messageStore);
        //load plugin
        MessageStorePluginContext context = new MessageSto-
rePluginContext(messageStoreConfig, brokerStatsManager,
messageArrivingListener, brokerConfig);
        this.messageStore = MessageStoreFactory.build(context,
this.messageStore);
        this.messageStore.getDispatcherList().addFirst(new
CommitLogDispatcherCalcBitMap(this.brokerConfig, this.consumerFilter
Manager));
    } catch (IOException e) {
        result = false;
        log.error("Failed to initialize", e);
    }
}
```

如果加载成功，接下来就是创建存储消息的组件DefaultMessageStore，如果启用了Dledger，就去初始化一些Dledger组件。这段代码我们有这样的理解就可以了，接着往下看。

```
        this.remotingServer = new NettyRemotingServer(this.
nettyServerConfig, this.clientHousekeepingService);
        NettyServerConfig fastConfig = (NettyServerConfig)
this.nettyServerConfig.clone();
        fastConfig.setListenPort(nettyServerConfig.getListen
Port() - 2);
        this.fastRemotingServer = new
NettyRemotingServer(fastConfig, this.clientHousekeepingService);
```

这部分代码是不是看起来有点眼熟，就是在创建Netty服务器。

再往下就是一大堆的线程池初始化代码了，具体含义笔者直接写在代码的注释上，内容如下。

```
        // 发送消息线程池
        this.sendMessageExecutor = new BrokerFixedThreadPool
```

```
Executor(
            this.brokerConfig.getSendMessageThreadPoolNums(),
            this.brokerConfig.getSendMessageThreadPoolNums(),
            1000 * 60,
            TimeUnit.MILLISECONDS,
            this.sendThreadPoolQueue,
            new ThreadFactoryImpl("SendMessageThread_"));
        // 拉取消息线程池
        this.pullMessageExecutor = new BrokerFixedThreadPool
Executor(
            this.brokerConfig.getPullMessageThreadPoolNums(),
            this.brokerConfig.getPullMessageThreadPoolNums(),
            1000 * 60,
            TimeUnit.MILLISECONDS,
            this.pullThreadPoolQueue,
            new ThreadFactoryImpl("PullMessageThread_"));
        // 查询消息线程池
        this.queryMessageExecutor = new BrokerFixedThreadPool
Executor(
            this.brokerConfig.getQueryMessageThreadPoolNums(),
            this.brokerConfig.getQueryMessageThreadPoolNums(),
            1000 * 60,
            TimeUnit.MILLISECONDS,
            this.queryThreadPoolQueue,
            new ThreadFactoryImpl("QueryMessageThread_"));
        // 管理Broker的线程池
        this.adminBrokerExecutor =
            Executors.newFixedThreadPool(this.brokerConfig.get
AdminBrokerThreadPoolNums(), new ThreadFactoryImpl(
            "AdminBrokerThread_"));
        // 管理客户端的线程池
        this.clientManageExecutor = new ThreadPoolExecutor(
            this.brokerConfig.getClientManageThreadPoolNums(),
            this.brokerConfig.getClientManageThreadPoolNums(),
            1000 * 60,
            TimeUnit.MILLISECONDS,
            this.clientManagerThreadPoolQueue,
            new ThreadFactoryImpl("ClientManageThread_"));
        // 心跳检测线程池
        this.heartbeatExecutor = new BrokerFixedThreadPool
Executor(
            this.brokerConfig.getHeartbeatThreadPoolNums(),
            this.brokerConfig.getHeartbeatThreadPoolNums(),
            1000 * 60,
            TimeUnit.MILLISECONDS,
            this.heartbeatThreadPoolQueue,
            new ThreadFactoryImpl("HeartbeatThread_", true));
```

```
            // 结束事务线程池
            this.endTransactionExecutor = new
BrokerFixedThreadPoolExecutor(
                this.brokerConfig.getEndTransactionThreadPoolNums(),
                this.brokerConfig.getEndTransactionThreadPoolNums(),
                1000 * 60,
                TimeUnit.MILLISECONDS,
                this.endTransactionThreadPoolQueue,
                new ThreadFactoryImpl("EndTransactionThread_"));
            // 管理消费者的线程池
            this.consumerManageExecutor =
                Executors.newFixedThreadPool(this.brokerConfig.get
ConsumerManageThreadPoolNums(), new ThreadFactoryImpl(
                    "ConsumerManageThread_"));
            // 线程池的注册
            this.registerProcessor();
```

再往后就是一大堆的后台线程的代码了，同样通过代码注释的方式说明，内容如下。

```
            final long initialDelay = UtilAll.computNextMorningTime
Millis() - System.currentTimeMillis();
            final long period = 1000 * 60 * 60 * 24;
            // Broker统计任务
            this.scheduledExecutorService.scheduleAtFixedRate(new
Runnable() {
                @Override
                public void run() {
                    try {
                        BrokerController.this.getBrokerStats().record();
                    } catch (Throwable e) {
                        log.error("schedule record error.", e);
                    }
                }
            }, initialDelay, period, TimeUnit.MILLISECONDS);
            // 消费者Offset持久化任务
            this.scheduledExecutorService.scheduleAtFixedRate(new
Runnable() {
                @Override
                public void run() {
                    try {
                        BrokerController.this.consumerOffsetManager.
persist();
                    } catch (Throwable e) {
                        log.error("schedule persist consumerOffset
error.", e);
                    }
                }
```

```
            }, 1000 * 10, this.brokerConfig.getFlushConsumerOffset
Interval(), TimeUnit.MILLISECONDS);
        // 消费者过滤器持久化任务
        this.scheduledExecutorService.scheduleAtFixedRate(new
Runnable() {
            @Override
            public void run() {
                try {
                    BrokerController.this.consumerFilterManager.
persist();
                } catch (Throwable e) {
                    log.error("schedule persist consumer filter
error.", e);
                }
            }
        }, 1000 * 10, 1000 * 10, TimeUnit.MILLISECONDS);
        // Broker的保护任务
        this.scheduledExecutorService.scheduleAtFixedRate(new
Runnable() {
            @Override
            public void run() {
                try {
                    BrokerController.this.protectBroker();
                } catch (Throwable e) {
                    log.error("protectBroker error.", e);
                }
            }
        }, 3, 3, TimeUnit.MINUTES);
        // 定时打印任务
        this.scheduledExecutorService.scheduleAtFixedRate(new
Runnable() {
            @Override
            public void run() {
                try {
                    BrokerController.this.printWaterMark();
                } catch (Throwable e) {
                    log.error("printWaterMark error.", e);
                }
            }
        }, 10, 1, TimeUnit.SECONDS);
        // 定时对落后的commitlog进行分发的任务
        this.scheduledExecutorService.scheduleAtFixedRate(new
Runnable() {

            @Override
            public void run() {
                try {
                    log.info("dispatch behind commit log {}
```

```
bytes", BrokerController.this.getMessageStore().dispatchBehindBytes());
                } catch (Throwable e) {
                    log.error("schedule dispatchBehindBytes error.",
e);
                }
            }
        }, 1000 * 10, 1000 * 60, TimeUnit.MILLISECONDS);
```

到这里我们再次更新一下Broker的结构图，增加Netty和定时任务，如图9.14所示。

图9.14　Broker的结构图

通过图例，相信大家对Broker的启动部分有了一个更清晰的认识。代码还没看完，我们继续看后边的代码。

```
// 这里就是设置NameServer的地址，支持动态获取地址
        if (this.brokerConfig.getNamesrvAddr() != null) {
            this.brokerOuterAPI.updateNameServerAddressList(th-
is.brokerConfig.getNamesrvAddr());
            log.info("Set user specified name server address:
{}", this.brokerConfig.getNamesrvAddr());
        } else if (this.brokerConfig.isFetchNamesrvAddrByAddress
Server()) {
            this.scheduledExecutorService.scheduleAtFixedRate(new
Runnable() {

                @Override
                public void run() {
                    try {
                        BrokerController.this.brokerOuterAPI.
fetchNameServerAddr();
                    } catch (Throwable e) {
                        log.error("ScheduledTask fetchNameServerAddr
exception", e);
                    }
                }
            }, 1000 * 10, 1000 * 60 * 2, TimeUnit.MILLISECONDS);
        }
        // 开启Dledger后的一些操作，我们直接忽略
```

```
            if (!messageStoreConfig.isEnableDLedgerCommitLog()) {
                if (BrokerRole.SLAVE == this.messageStoreConfig.
getBrokerRole()) {
                    if (this.messageStoreConfig.getHaMasterAddress()
!= null && this.messageStoreConfig.getHaMasterAddress().length() >= 6)
{
                        this.messageStore.updateHaMasterAddress(this.
messageStoreConfig.getHaMasterAddress());
                        this.updateMasterHAServerAddrPeriodically =
false;
                    } else {
                        this.updateMasterHAServerAddrPeriodically =
true;
                    }
                } else {
                    this.scheduledExecutorService.scheduleAtFixedRate(new
Runnable() {
                        @Override
                        public void run() {
                            try {
                                BrokerController.this.printMasterAnd
SlaveDiff();
                            } catch (Throwable e) {
                                log.error("schedule printMasterAnd
SlaveDiff error.", e);
                            }
                        }
                    }, 1000 * 10, 1000 * 60, TimeUnit.MILLISECONDS);
                }
            }
            // 和文件相关的一些操作，我们直接忽略
            if (TlsSystemConfig.tlsMode != TlsMode.DISABLED) {
                // Register a listener to reload SslContext
                try {
                    fileWatchService = new FileWatchService(
                        new String[] {
                            TlsSystemConfig.tlsServerCertPath,
                            TlsSystemConfig.tlsServerKeyPath,
                            TlsSystemConfig.tlsServerTrustCertPath
                        },
                        new FileWatchService.Listener() {
                            boolean certChanged, keyChanged = false;

                            @Override
                            public void onChanged(String path) {
                                if (path.equals(TlsSystemConfig.
tlsServerTrustCertPath)) {
                                    log.info("The trust
```

```
certificate changed, reload the ssl context");
                                        reloadServerSslContext();
                                    }
                                    if (path.equals(TlsSystemConfig.
tlsServerCertPath)) {
                                        certChanged = true;
                                    }
                                    if (path.equals(TlsSystemConfig.
tlsServerKeyPath)) {
                                        keyChanged = true;
                                    }
                                    if (certChanged && keyChanged) {
                                        log.info("The certificate and
private key changed, reload the ssl context");
                                        certChanged = keyChanged = false;
                                        reloadServerSslContext();
                                    }
                                }

                                private void reloadServerSslContext() {
                                    ((NettyRemotingServer) remotingServer).
loadSslContext();

                                    ((NettyRemotingServer) fastRemoting
Server).loadSslContext();
                                }
                            });
                } catch (Exception e) {
                    log.warn("FileWatchService created error, can't
load the certificate dynamically");
                }
            }
            // 初始化事务、Acl权限、Rpc钩子，先不关注具体实现
            initialTransaction();
            initialAcl();
            initialRpcHooks();
        }
```

至此，initialize()方法我们就看完了，再次回到main方法。

```
    public static void main(String[] args) {
        start(createBrokerController(args));
    }
```

现在该去看一看start方法了。

```
    public static BrokerController start(BrokerController controller) {
```

```
    try {

        controller.start();

        String tip = "The broker[" + controller.getBrokerConfig().
getBrokerName() + ", "
            + controller.getBrokerAddr() + "] boot success. seria-
lizeType=" + RemotingCommand.getSerializeTypeConfigInThisServer();

        if (null != controller.getBrokerConfig().getNamesrvAddr())
{
            tip += " and name server is " + controller.get
BrokerConfig().getNamesrvAddr();
        }

        log.info(tip);
        System.out.printf("%s%n", tip);
        return controller;
    } catch (Throwable e) {
        e.printStackTrace();
        System.exit(-1);
    }

    return null;
}
```

这个方法中其实也没什么，主要就是调用了controller.start()，我们直接看这个方法，里面的代码笔者已经加了注释。

```
public void start() throws Exception {
    // 这个就是启动存储组件
    if (this.messageStore != null) {
        this.messageStore.start();
    }
    // 启动Netty服务组件
    if (this.remotingServer != null) {
        this.remotingServer.start();
    }

    if (this.fastRemotingServer != null) {
        this.fastRemotingServer.start();
    }
    // 启动文件监听组件，不用管
    if (this.fileWatchService != null) {
        this.fileWatchService.start();
    }
```

```
       // 启动一个API组件，这个组件其实就是Broker通过Netty客户端向外发送请求的
       if (this.brokerOuterAPI != null) {
           this.brokerOuterAPI.start();
       }
       // 下面也是启动一些组件，不用管
       if (this.pullRequestHoldService != null) {
           this.pullRequestHoldService.start();
       }

       if (this.clientHousekeepingService != null) {
           this.clientHousekeepingService.start();
       }

       if (this.filterServerManager != null) {
           this.filterServerManager.start();
       }

       if (!messageStoreConfig.isEnableDLedgerCommitLog()) {
           startProcessorByHa(messageStoreConfig.getBrokerRole());
           handleSlaveSynchronize(messageStoreConfig.getBrokerRole());
       }

       this.registerBrokerAll(true, false, true);
       // 这里就是启动一个线程任务，用来向NameServer注册的代码，
       // 我们下节就来看一看这里
       this.scheduledExecutorService.scheduleAtFixedRate(new Runnable()
{

           @Override
           public void run() {
               try {
                   BrokerController.this.registerBrokerAll(true,
false, brokerConfig.isForceRegister());
               } catch (Throwable e) {
                   log.error("registerBrokerAll Exception", e);
               }
           }
       }, 1000 * 10, Math.max(10000, Math.min(brokerConfig.get
RegisterNameServerPeriod(), 60000)), TimeUnit.MILLISECONDS);
       // 下面也是启动一些组件，不用管
       if (this.brokerStatsManager != null) {
           this.brokerStatsManager.start();
       }

       if (this.brokerFastFailure != null) {
           this.brokerFastFailure.start();
       }
   }
```

看完这段代码，我们只要知道启动了Netty，启动了BrokerOuterAPI，用于通过Netty给别人发送请求的，同时启动了向NameServer注册的任务线程就可以了，如图9.15所示。

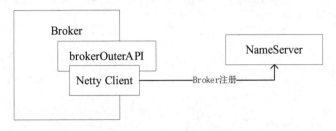

图9.15 Broker的结构图

9.3.3 Broker 如何向 NameServer 注册

本节我们将深入阅读Broker向NameServer注册部分的源码，理解注册的细节，其实之前已经看到注册的入口了，代码如下。

```
        this.scheduledExecutorService.scheduleAtFixedRate(new
Runnable() {
        @Override
        public void run() {
            try {
                BrokerController.this.registerBrokerAll(true,
false, brokerConfig.isForceRegister());
            } catch (Throwable e) {
                log.error("registerBrokerAll Exception", e);
            }
        }
    }, 1000 * 10, Math.max(10000, Math.min(brokerConfig.
getRegisterNameServerPeriod(), 60000)), TimeUnit.MILLISECONDS);
```

可以看出在注册的时候其实不仅仅是只执行一次，而是启用了一个定时任务，每隔一段时间就发送一次注册请求，而getRegisterNameServerPeriod其实获取的是一个配置，默认值就是30s执行一次，这就是心跳机制了。

要想阅读注册部分的源码，我们就进入registerBrokerAll方法来看一看吧，代码如下。

```
    public synchronized void registerBrokerAll(final boolean
checkOrderConfig, boolean oneway, boolean forceRegister) {
        // 这部分肯定是和Topic配置相关的，直接忽略
        TopicConfigSerializeWrapper topicConfigWrapper = this.
getTopicConfigManager().buildTopicConfigSerializeWrapper();
```

```
        if (!PermName.isWriteable(this.getBrokerConfig().
getBrokerPermission())
            || !PermName.isReadable(this.getBrokerConfig().
getBrokerPermission())) {
        ConcurrentHashMap<String, TopicConfig>
topicConfigTable = new ConcurrentHashMap<String, TopicConfig>();
        for (TopicConfig topicConfig : topicConfigWrapper.
getTopicConfigTable().values()) {
            TopicConfig tmp =
                new TopicConfig(topicConfig.getTopicName(),
topicConfig.getReadQueueNums(), topicConfig.getWriteQueueNums(),
                    this.brokerConfig.getBrokerPermission());
            topicConfigTable.put(topicConfig.getTopicName(),
tmp);
        }
        topicConfigWrapper.setTopicConfigTable(topicConfigTab
le);
    }
    // 这里就是判断是否需要注册了，如果需要注册，就调用
doRegisterBrokerAll方法执行注册
    if (forceRegister || needRegister(this.brokerConfig.
getBrokerClusterName(),
        this.getBrokerAddr(),
        this.brokerConfig.getBrokerName(),
        this.brokerConfig.getBrokerId(),
        this.brokerConfig.getRegisterBrokerTimeoutMills())) {
        doRegisterBrokerAll(checkOrderConfig, oneway,
topicConfigWrapper);
    }
}
```

现在就知道了，注册用的方法就是doRegisterBrokerAll，那么我们就进入这个方法来看一下。

```
private void doRegisterBrokerAll(boolean checkOrderConfig,
boolean oneway,
    TopicConfigSerializeWrapper topicConfigWrapper) {
    // 这里小伙伴们就可以看到通过brokerOuterAPI执行了注册的操作
    // 注册是针对所有的NameServer的，所有返回值是一个list
    List<RegisterBrokerResult> registerBrokerResultList = this.
brokerOuterAPI.registerBrokerAll(
        this.brokerConfig.getBrokerClusterName(),
        this.getBrokerAddr(),
        this.brokerConfig.getBrokerName(),
        this.brokerConfig.getBrokerId(),
        this.getHAServerAddr(),
```

```
        topicConfigWrapper,
        this.filterServerManager.buildNewFilterServerList(),
        oneway,
        this.brokerConfig.getRegisterBrokerTimeoutMills(),
        this.brokerConfig.isCompressedRegister());
    // 如果注册返回的结果大于0，就执行一些操作，与HA相关，我们先不考虑这里
    if (registerBrokerResultList.size() > 0) {
        RegisterBrokerResult registerBrokerResult = register
BrokerResultList.get(0);
        if (registerBrokerResult != null) {
            if (this.updateMasterHAServerAddrPeriodically &&
registerBrokerResult.getHaServerAddr() != null) {
                this.messageStore.updateHaMasterAddress(regist
erBrokerResult.getHaServerAddr());
            }

            this.slaveSynchronize.setMasterAddr(registerBroker
Result.getMasterAddr());

            if (checkOrderConfig) {
                this.getTopicConfigManager().updateOrderTopicC-
onfig(registerBrokerResult.getKvTable());
            }
        }
    }
}
```

接着我们来看brokerOuterAPI.registerBrokerAll方法，这里面应该就是注册的逻辑了，代码如下。

```
public List<RegisterBrokerResult> registerBrokerAll(
        final String clusterName,
        final String brokerAddr,
        final String brokerName,
        final long brokerId,
        final String haServerAddr,
        final TopicConfigSerializeWrapper topicConfigWrapper,
        final List<String> filterServerList,
        final boolean oneway,
        final int timeoutMills,
        final boolean compressed) {
    // 定义一个list来存放注册结果，而且使用了guava工具类
    final List<RegisterBrokerResult> registerBrokerResultList
= Lists.newArrayList();
    // 这个list肯定就是存放nameServer的地址列表了
    List<String> nameServerAddressList = this.remotingClient.
```

```
getNameServerAddressList();
        if (nameServerAddressList != null &&
nameServerAddressList.size() > 0) {
            // 这里就是在构建一个网络请求头，请求头里包含一些基础信息
            final RegisterBrokerRequestHeader requestHeader = new
RegisterBrokerRequestHeader();
            requestHeader.setBrokerAddr(brokerAddr);
            requestHeader.setBrokerId(brokerId);
            requestHeader.setBrokerName(brokerName);
            requestHeader.setClusterName(clusterName);
            requestHeader.setHaServerAddr(haServerAddr);
            requestHeader.setCompressed(compressed);
            // 这里当然就是构建请求体了
        RegisterBrokerBody requestBody = new RegisterBrokerBody();
            requestBody.setTopicConfigSerializeWrapper(topicConfig
Wrapper);
            requestBody.setFilterServerList(filterServerList);
            final byte[] body = requestBody.encode(compressed);
            final int bodyCrc32 = UtilAll.crc32(body);
            requestHeader.setBodyCrc32(bodyCrc32);
            // 这里使用了并发包中的工具类，保证注册完所有的NameServer后再
向下运行
            // 如果你不知道CountDownLatch，可以自己查阅资料了解一下
            final CountDownLatch countDownLatch = new CountDownLat
ch(nameServerAddressList.size());
        for (final String namesrvAddr : nameServerAddressList) {
            brokerOuterExecutor.execute(new Runnable() {
                @Override
                public void run() {
                    try {
                        // 真正执行注册的地方
                        RegisterBrokerResult result = register
Broker(namesrvAddr,oneway, timeoutMills,requestHeader,body);
                        if (result != null) {
                            registerBrokerResultList.add(result);
                        }

                        log.info("register broker[{}]to name
server {} OK", brokerId, namesrvAddr);
                    } catch (Exception e) {
                        log.warn("registerBroker Exception,
{}", namesrvAddr, e);
                    } finally {
                        // 注册完成，countDownLatch执行减一操作
                        countDownLatch.countDown();
                    }
                }
```

```
            });
        }
        // 这里就是使用countDownLatch阻塞等待了
        try {
            countDownLatch.await(timeoutMills, TimeUnit.MILL
ISECONDS);
        } catch (InterruptedException e) {
        }
    }

    return registerBrokerResultList;
}
```

从这段代码中我们可以得到请求头和请求体的概念，发送给NameServer的信息就是由请求头和请求体组成的。

接下来我们就进入registerBroker方法来看一看注册的具体实现。

```
private RegisterBrokerResult registerBroker(
        final String namesrvAddr,
        final boolean oneway,
        final int timeoutMills,
        final RegisterBrokerRequestHeader requestHeader,
        final byte[] body
    ) throws RemotingCommandException, MQBrokerException, Remoting
ConnectException, RemotingSendRequestException, RemotingTimeoutException,
        InterruptedException {
        // 这里不就是在创建一个请求吗，并把请求头和请求体设置进去
        RemotingCommand request = RemotingCommand.createRequestCom
mand(RequestCode.REGISTER_BROKER, requestHeader);
        request.setBody(body);
        // oneway就是不等待请求结果的意思，先不看
        if (oneway) {
            try {
                this.remotingClient.invokeOneway(namesrvAddr, request,
timeoutMills);
            } catch (RemotingTooMuchRequestException e) {
                // Ignore
            }
            return null;
        }
        // 这里就是真正发送网络请求的地方了，remotingClient其实就是Netty
RemotingClient
        RemotingCommand response = this.remotingClient.invokeSync
(namesrvAddr, request, timeoutMills);
        assert response != null;
        // 下面就是根据请求的结果封装成RegisterBrokerResult对象并返回
```

```
        switch (response.getCode()) {
            case ResponseCode.SUCCESS: {
                RegisterBrokerResponseHeader responseHeader =
                    (RegisterBrokerResponseHeader) response.decode
CommandCustomHeader(RegisterBrokerResponseHeader.class);
                RegisterBrokerResult result = new RegisterBroker
Result();
                result.setMasterAddr(responseHeader.getMasterAddr());
                result.setHaServerAddr(responseHeader.getHaServer
Addr());
                if (response.getBody() != null) {
                    result.setKvTable(KVTable.decode(response.getBody(),
KVTable.class));
                }
                return result;
            }
            default:
                break;
        }

        throw new MQBrokerException(response.getCode(), response.
getRemark());
    }
```

现在我们去看一下invokeSync方法的实现，直接看注释与代码。

```
    public RemotingCommand invokeSync(String addr, final
RemotingCommand request, long timeoutMillis)
        throws InterruptedException, RemotingConnectException,
RemotingSendRequestException, RemotingTimeoutException {
        long beginStartTime = System.currentTimeMillis();
        // 这里获取了一个Channel，Channel是在Nettey中定义的，如果学过Netty
应该很熟悉
        // 我们可以理解成建立了Broker与NameServer之间的连接，Channel就代
表这个连接
        final Channel channel = this.getAndCreateChannel(addr);
        // 判断一下连接是否成功
        if (channel != null && channel.isActive()) {
            try {
                doBeforeRpcHooks(addr, request);
                long costTime = System.currentTimeMillis() - begin
StartTime;
                if (timeoutMillis < costTime) {
                    throw new RemotingTimeoutException("invokeSync
call timeout");
                }
                // 这里是发送网络请求的地方
```

```
            RemotingCommand response = this.
invokeSyncImpl(channel, request, timeoutMillis - costTime);
            doAfterRpcHooks(RemotingHelper.parseChannelRemoteA-
ddr(channel), request, response);
            return response;
        } catch (RemotingSendRequestException e) {
            log.warn("invokeSync: send request exception, so
close the channel[{}]", addr);
            this.closeChannel(addr, channel);
            throw e;
        } catch (RemotingTimeoutException e) {
            if (nettyClientConfig.isClientCloseSocketIfTimeout()) {
                this.closeChannel(addr, channel);
                log.warn("invokeSync: close socket because of
timeout, {}ms, {}", timeoutMillis, addr);
            }
            log.warn("invokeSync: wait response timeout
exception, the channel[{}]", addr);
            throw e;
        }
    } else {
        this.closeChannel(addr, channel);
        throw new RemotingConnectException(addr);
    }
}
```

现在可以从代码中抽取出Channel的概念，整合进Broker结构图中，如图9.16所示。

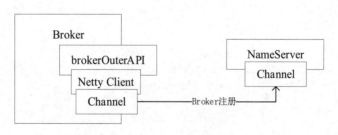

图9.16 Broker的结构图

接下来我们可以去看一下这个Channel是如何被创建出来的，弄懂了这块，就弄懂了Broker与NameServer之间是如何建立网络连接的。我们直接看getAndCreateChannel方法的源码。

```
    private Channel getAndCreateChannel(final String addr) throws
InterruptedException {
        if (null == addr) {
            return getAndCreateNameserverChannel();
```

```
    }
    // 这里其实就是先从缓存中获取连接，channelTables就是一个ConcurrentMap
    ChannelWrapper cw = this.channelTables.get(addr);
    if (cw != null && cw.isOK()) {
        return cw.getChannel();
    }
    // 缓存中没有，就去创建新的连接
    return this.createChannel(addr);
}
```

到这里就很明确了，创建连接的方法就是createChannel，我们继续看它的源码。

```
    private Channel createChannel(final String addr) throws Interr
uptedException {
        // 再次先从缓存中获取连接，获取到连接或会关闭连接
        ChannelWrapper cw = this.channelTables.get(addr);
        if (cw != null && cw.isOK()) {
            cw.getChannel().close();
            channelTables.remove(addr);
        }
        // lockChannelTables是一个可重入锁，这里就是尝试获取锁3秒钟
        if (this.lockChannelTables.tryLock(LOCK_TIMEOUT_MILLIS,
TimeUnit.MILLISECONDS)) {
            try {
                // 再次从缓存里获取连接
                boolean createNewConnection;
                cw = this.channelTables.get(addr);
                if (cw != null) {

                    if (cw.isOK()) {
                        cw.getChannel().close();
                        this.channelTables.remove(addr);
                        createNewConnection = true;
                    } else if (!cw.getChannelFuture().isDone()) {
                        createNewConnection = false;
                    } else {
                        this.channelTables.remove(addr);
                        createNewConnection = true;
                    }
                } else {
                    createNewConnection = true;
                }

                if (createNewConnection) {
                    // 到这里终于开始创建连接了，用的就是bootstrap.connect
方法
                    // 创建出的就是我们之前说过的Channel网络连接
```

```
                    ChannelFuture channelFuture = this.bootstrap.
connect(RemotingHelper.string2SocketAddress(addr));
                    log.info("createChannel: begin to connect
remote host[{}] asynchronously", addr);
                    cw = new ChannelWrapper(channelFuture);
                    this.channelTables.put(addr, cw);
                }
            } catch (Exception e) {
                log.error("createChannel: create channel exception",
e);
            } finally {
                this.lockChannelTables.unlock();
            }
        } else {
            log.warn("createChannel: try to lock channel table,
but timeout, {}ms", LOCK_TIMEOUT_MILLIS);
        }
        // 下面就是返回Channel的操作了
        if (cw != null) {
            ChannelFuture channelFuture = cw.getChannelFuture();
            if (channelFuture.awaitUninterruptibly(this.nettyClient
Config.getConnectTimeoutMillis())) {
                if (cw.isOK()) {
                    log.info("createChannel: connect remote host[{}]
success, {}", addr, channelFuture.toString());
                    return cw.getChannel();
                } else {
                    log.warn("createChannel: connect remote host[" +
addr + "] failed, " + channelFuture.toString(), channelFuture.cause());
                }
            } else {
                log.warn("createChannel: connect remote host[{}]
timeout {}ms, {}", addr, this.nettyClientConfig.getConnectTimeout
Millis(),
                    channelFuture.toString());
            }
        }

        return null;
    }
```

现在网络连接已经被建立起来了，我们再回过头来看看发送请求的源码，了解一下发送请求的流程。

刚才已经在invokeSync方法中看到发送请求的位置了，就是下面的这行代码。

```
RemotingCommand response = this.invokeSyncImpl(channel, request,
```

```
timeoutMillis - costTime);
```

所以现在我们直接进入invokeSyncImpl方法。

```
    public RemotingCommand invokeSyncImpl(final Channel channel,
final RemotingCommand request,
        final long timeoutMillis)
        throws InterruptedException, RemotingSendRequestException,
RemotingTimeoutException {
        final int opaque = request.getOpaque();

        try {
            final ResponseFuture responseFuture = new
ResponseFuture(channel, opaque, timeoutMillis, null, null);
            this.responseTable.put(opaque, responseFuture);
            final SocketAddress addr = channel.remoteAddress();
            // 前边的代码可以忽略,
// 从下边的代码可以看到通过Netty发送请求就是使用channel来write
            channel.writeAndFlush(request).addListener(new Channel
FutureListener() {
                @Override
                public void operationComplete(ChannelFuture f) throws
Exception {
                    if (f.isSuccess()) {
                        responseFuture.setSendRequestOK(true);
                        return;
                    } else {
                        responseFuture.setSendRequestOK(false);
                    }

                    responseTable.remove(opaque);
                    responseFuture.setCause(f.cause());
                    responseFuture.putResponse(null);
                    log.warn("send a request command to channel <"
+ addr + "> failed.");
                }
            });
            // 这里其实就是在等待响应了
            RemotingCommand responseCommand = responseFuture.wait
Response(timeoutMillis);
            if (null == responseCommand) {
                if (responseFuture.isSendRequestOK()) {
                    throw new RemotingTimeoutException(RemotingHel-
per.parseSocketAddressAddr(addr), timeoutMillis,
                        responseFuture.getCause());
                } else {
                    throw new RemotingSendRequestException(Remotin-
```

```
gHelper.parseSocketAddressAddr(addr), responseFuture.getCause());
                }
            }

            return responseCommand;
        } finally {
            this.responseTable.remove(opaque);
        }
    }
```

我们只要关注注释下的内容就可以了,这部分内容其实主要还是对Netty的API调用。

9.3.4 NameServer 如何接收 Broker 的请求

前面我们已经看过Broker向NameServer注册的源码了,那么NameServer接收到注册请求后是如何处理的呢? 本节我们就来看一看这部分的源码。

这部分源码更多的内容与Netty有关,如果不熟悉Netty也没关系,了解网络通信流程即可。

现在我们回到NamesrvController的initialize方法中。

```
public boolean initialize() {

    this.kvConfigManager.load();
    // 这里就是初始化Netty,我们已经讲过
    this.remotingServer = new NettyRemotingServer(this.
nettyServerConfig, this.brokerHousekeepingService);

    this.remotingExecutor =
        Executors.newFixedThreadPool(nettyServerConfig.
getServerWorkerThreads(), new ThreadFactoryImpl("RemotingExecutorT
hread_"));
    // 其实核心的内容在这里,这里就是注册了一个请求处理器,用于请求
    this.registerProcessor();
// 省略后边的代码......
```

接着我们来看一下registerProcessor方法。

```
private void registerProcessor() {
    if (namesrvConfig.isClusterTest()) {
        // 处理测试集群的,我们不用管它
        this.remotingServer.registerDefaultProcessor(new Clust
erTestRequestProcessor(this, namesrvConfig.getProductEnvName()),
            this.remotingExecutor);
    } else {
```

```
        // 这里就是把这个处理请求的组件注册进了NameServer
        this.remotingServer.registerDefaultProcessor(new Default
RequestProcessor(this), this.remotingExecutor);
    }
}
```

既然我们已经知道DefaultRequestProcessor是处理请求的组件，想要了解NameServer是如何处理请求的，直接去看这个组件的源码就可以了。首先我们看一下processRequest方法。

```
    public RemotingCommand processRequest(ChannelHandlerContext
ctx,
        RemotingCommand request) throws RemotingCommandException {
        // 这只是个日志而已，不用管
        if (ctx != null) {
            log.debug("receive request, {} {} {}",
                request.getCode(),
                RemotingHelper.parseChannelRemoteAddr(ctx.
channel()),
                request);
        }

        // 这里就是比较核心的内容了，根据请求的Code来执行不同的操作
        switch (request.getCode()) {
            case RequestCode.PUT_KV_CONFIG:
                return this.putKVConfig(ctx, request);
            case RequestCode.GET_KV_CONFIG:
                return this.getKVConfig(ctx, request);
            case RequestCode.DELETE_KV_CONFIG:
                return this.deleteKVConfig(ctx, request);
            case RequestCode.QUERY_DATA_VERSION:
                return queryBrokerTopicConfig(ctx, request);
            // 很明显这里就是处理Broker注册请求的
            case RequestCode.REGISTER_BROKER:
                Version brokerVersion = MQVersion.
value2Version(request.getVersion());
                if (brokerVersion.ordinal() >= MQVersion.Version.
V3_0_11.ordinal()) {
                    return this.registerBrokerWithFilterServer(c-
tx, request);
                } else {
                    return this.registerBroker(ctx, request);
                }
    // 省略后边的代码......
```

接着我们来看registerBroker方法。

```java
public RemotingCommand registerBroker(ChannelHandlerContext ctx,
        RemotingCommand request) throws RemotingCommandException {
    // 下面这些代码就是解析request请求的。构造response响应的, 我们不用细看
    final RemotingCommand response = RemotingCommand.createRes-
ponseCommand(RegisterBrokerResponseHeader.class);
    final RegisterBrokerResponseHeader responseHeader =
(RegisterBrokerResponseHeader) response.readCustomHeader();
    final RegisterBrokerRequestHeader requestHeader =
        (RegisterBrokerRequestHeader) request.decodeCommandCus-
tomHeader(RegisterBrokerRequestHeader.class);

    if (!checksum(ctx, request, requestHeader)) {
        response.setCode(ResponseCode.SYSTEM_ERROR);
        response.setRemark("crc32 not match");
        return response;
    }

    TopicConfigSerializeWrapper topicConfigWrapper;
    if (request.getBody() != null) {
        topicConfigWrapper = TopicConfigSerializeWrapper.
decode(request.getBody(), TopicConfigSerializeWrapper.class);
    } else {
        topicConfigWrapper = new
TopicConfigSerializeWrapper();
        topicConfigWrapper.getDataVersion().setCounter(new
AtomicLong(0));
        topicConfigWrapper.getDataVersion().setTimestamp(0);
    }
    // 这里才是核心, 使用routeInfoManager路由信息管理组件来注册
Broker
    RegisterBrokerResult result = this.namesrvController.get
RouteInfoManager().registerBroker(
        requestHeader.getClusterName(),
        requestHeader.getBrokerAddr(),
        requestHeader.getBrokerName(),
        requestHeader.getBrokerId(),
        requestHeader.getHaServerAddr(),
        topicConfigWrapper,
        null,
        ctx.channel()
    );
    // 下边都是构造response响应的了, 不必深究
    responseHeader.setHaServerAddr(result.getHaServerAddr());
    responseHeader.setMasterAddr(result.getMasterAddr());

    byte[] jsonValue = this.namesrvController.getKvConfigManager().
getKVListByNamespace(NamesrvUtil.NAMESPACE_ORDER_TOPIC_CONFIG);
```

```
        response.setBody(jsonValue);
        response.setCode(ResponseCode.SUCCESS);
        response.setRemark(null);
        return response;
    }
```

我们再继续看一下routeInfoManager的registerBroker方法。

```
public RegisterBrokerResult registerBroker(
    final String clusterName,
    final String brokerAddr,
    final String brokerName,
    final long brokerId,
    final String haServerAddr,
    final TopicConfigSerializeWrapper topicConfigWrapper,
    final List<String> filterServerList,
    final Channel channel) {
    RegisterBrokerResult result = new RegisterBrokerResult();
    try {
        try {
            // 这里就是加了一个读写锁的写锁
            this.lock.writeLock().lockInterruptibly();
            // clusterAddrTable就是一个HashMap，用作缓存使用
            Set<String> brokerNames = this.clusterAddrTable.
get(clusterName);
            if (null == brokerNames) {
                brokerNames = new HashSet<String>();
                this.clusterAddrTable.put(clusterName, broker
Names);
            }
            brokerNames.add(brokerName);

            boolean registerFirst = false;
            // 这个BrokerData就是Broker的注册数据
            BrokerData brokerData = this.brokerAddrTable.get
(brokerName);
            if (null == brokerData) {
                registerFirst = true;
                brokerData = new BrokerData(clusterName, broker
Name, new HashMap<Long, String>());
                this.brokerAddrTable.put(brokerName, brokerData);
            }

            Map<Long, String> brokerAddrsMap = brokerData.
getBrokerAddrs();
            // 下面是对路由数据做一些处理，不用管，原来下面的注释是英
文，这里做一个翻译
```

```
                    //从切换到主:首先删除namesrv中的<1,IP:PORT>，然后添加
<0,IP:PORT>
                    //同一个IP:PORT在brokerAddrTable中必须只有一条记录
                    Iterator<Entry<Long, String>> it = brokerAddrsMap.
entrySet().iterator();
                        while (it.hasNext()) {
                            Entry<Long, String> item = it.next();
                            if (null != brokerAddr && brokerAddr.
equals(item.getValue()) && brokerId != item.getKey()) {
                                it.remove();
                            }
                        }

                        String oldAddr = brokerData.getBrokerAddrs().put
(brokerId, brokerAddr);
                        registerFirst = registerFirst || (null == oldAddr);

                        if (null != topicConfigWrapper
                            && MixAll.MASTER_ID == brokerId) {
                            if (this.isBrokerTopicConfigChanged(brokerAd-
dr, topicConfigWrapper.getDataVersion())
                                || registerFirst) {
                                ConcurrentMap<String, TopicConfig> tcTable =
                                    topicConfigWrapper.getTopicConfigTable();
                                if (tcTable != null) {
                                    for (Map.Entry<String, TopicConfig>
entry : tcTable.entrySet()) {
                                        this.createAndUpdateQueueData(brok-
erName, entry.getValue());
                                    }
                                }
                            }
                        }
                        // 这里其实是比较核心的内容，这就是心跳检测部分的处理
                        // 可以理解成每隔30秒都会用一个新的BrokerLiveInfo对象替
换原来的
                        // 这个对象里有时间戳等信息
                        BrokerLiveInfo prevBrokerLiveInfo = this.brokerLive
Table.put(brokerAddr,
                            new BrokerLiveInfo(
                                System.currentTimeMillis(),
                                topicConfigWrapper.getDataVersion(),
                                channel,
                                haServerAddr));
                        if (null == prevBrokerLiveInfo) {
                            log.info("new broker registered, {} HAServer:
{}", brokerAddr, haServerAddr);
                        }
```

```
                // 后面的代码我们先不用管了
                if (filterServerList != null) {
                    if (filterServerList.isEmpty()) {
                        this.filterServerTable.remove(brokerAddr);
                    } else {
                        this.filterServerTable.put(brokerAddr,
filterServerList);
                    }
                }

                if (MixAll.MASTER_ID != brokerId) {
                    String masterAddr = brokerData.getBrokerAddrs
().get(MixAll.MASTER_ID);
                    if (masterAddr != null) {
                    BrokerLiveInfo brokerLiveInfo = this.broker
LiveTable.get(masterAddr);
                        if (brokerLiveInfo != null) {
                            result.setHaServerAddr(brokerLiveInfo.
getHaServerAddr());
                            result.setMasterAddr(masterAddr);
                        }
                    }
                }
            } finally {
                this.lock.writeLock().unlock();
            }
        } catch (Exception e) {
            log.error("registerBroker Exception", e);
        }

        return result;
    }
```

可以看出，核心思路还是很明确的，就是用一些Map来存储Broker的路由数据，并且我们在其中看到了对心跳检测的处理。

那么假如Broker出现故障，没有发送心跳给NameServer，NameServer是如何处理的呢？其实这部分内容我们在看NamesrvController的initialize方法时已经看到了。

```
        this.scheduledExecutorService.scheduleAtFixedRate(new
Runnable() {
            @Override
            public void run() {
              NamesrvController.this.routeInfoManager.scanNotActive
Broker();
            }
```

```
    }, 5, 10, TimeUnit.SECONDS);
```

这段代码就是通过每10秒调用一次scanNotActiveBroker方法来对Broker的情况进行扫描的，所以我们可以看一下这个方法的源码。

```
public void scanNotActiveBroker() {
    // 这个brokerLiveTable不正是存储BrokerLiveInfo的吗
    // 遍历出来就可以获得每隔Broker心跳的时间戳数据
    Iterator<Entry<String, BrokerLiveInfo>> it = this.broker
LiveTable.entrySet().iterator();
    while (it.hasNext()) {
        Entry<String, BrokerLiveInfo> next = it.next();
        long last = next.getValue().getLastUpdateTimestamp();
        // 这里就是核心判断逻辑了，如果当前时间>上次心跳请求的时间+超时
时间（默认120s），就证明Broker宕机了
        if ((last + BROKER_CHANNEL_EXPIRED_TIME) < System.current
TimeMillis()) {
            // 删除宕机的Broker相关信息
            RemotingUtil.closeChannel(next.getValue().getChannel());
            it.remove();
            log.warn("The broker channel expired, {} {}ms",
next.getKey(), BROKER_CHANNEL_EXPIRED_TIME);
            this.onChannelDestroy(next.getKey(), next.getValue().
getChannel());
        }
    }
}
```

至此，有关NameServer处理心跳请求的源码我们也看完了。

9.4　Producer与Consumer源码解析

之前我们在文中贴出了大量的源码，供大家一起阅读，但如果一直以这种方式来讲解的话，内容就太多了。其实经过之前的源码阅读体验，相信小伙伴们已经掌握了正确阅读源码的方法。所以后续源码的解析我们将换一种方式，不再大段粘贴源码，而是采用更多的图解加上展示部分核心源码的方式来分析运行逻辑，过程中如果遇到感兴趣的，小伙伴们可以根据本书内容自己去对照源码研究。

9.4.1 Producer 与 NameServer 的通信

本节我们就采用新的方式来深入了解一下Producer的相关源码。

谈到Producer，首先我们就会想到Producer发送消息的代码。

```
        DefaultMQProducer producer = new DefaultMQProducer("group_
name");
        producer.setNamesrvAddr("127.0.0.1:9876");
        producer.start();
```

查看DefaultMQProducer的构造代码，可以发现实际创建的是DefaultMQProducerImpl这个实现类，后边调用的start()方法就是来启动生产者的，其中包含大量复杂的初始化操作，但我们没有必要去深入研究这部分的内容。

我们都知道，生产者在发送消息的时候，一定会指定发送到哪个Topic中，所以一定需要Topic的路由数据，通过路由数据来获得Topic中有哪些MessageQueue，每个Message-Queue在哪些Broker上。

当我们调用send()方法发送消息的时候，深入阅读这个方法，你会发现执行了这样的代码。

```
TopicPublishInfo topicPublishInfo = this.tryToFindTopicPublishInfo(msg.
getTopic());
```

这段代码的意思是判断Topic的路由数据是否在本地客户端中，如果不在，就会去NameServer中拉取Topic的路由数据。

那么关于拉取Topic路由数据这部分代码是怎么实现的呢？这就对应了tryToFindTopic-PublishInfo方法内的这样一行代码。

```
this.mQClientFactory.updateTopicRouteInfoFromNameServer(topic);
```

进入这个方法的内部，你会发现里面的内容就是通过Netty的客户端发送请求到NameServer，然后从Response响应数据中获得Topic的路由信息，更新到自己的本地缓存中，如图9.17所示。

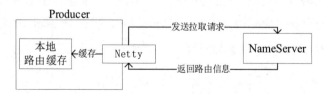

图9.17 Producer与NameServer的通信

详细源码就不贴出来一一说明了，大家有兴趣可以自己去看看。

现在我们已经获得了Topic的路由数据，接下来就是根据这个路由数据来选择出一个Topic下的某个MessageQueue进行消息的发送了。那选择的过程是什么样的呢？

我们接着阅读send()方法，会看到下面这行代码。

```
MessageQueue mqSelected = this.selectOneMessageQueue(topicPublish-
Info, lastBrokerName);
```

这行代码就是选择MessageQueue的，进入方法后，可以看到下面的选择逻辑。

```
    int index = tpInfo.getSendWhichQueue().getAndIncrement();
    for (int i = 0; i < tpInfo.getMessageQueueList().size(); i++)
{
        int pos = Math.abs(index++) % tpInfo.
getMessageQueueList().size();
        if (pos < 0)
            pos = 0;
        MessageQueue mq = tpInfo.getMessageQueueList().get(pos);
        if (latencyFaultTolerance.isAvailable(mq.getBrokerName())) {
            if (null == lastBrokerName || mq.getBrokerName().equals
(lastBrokerName))
                return mq;
        }
    }
```

首先获取了一个自增的index，用这个index与MessageQueue的数量进行取模运算，定位到一个MessageQueue的下标pos，然后返回这个下标pos指定的MessageQueue。其实这就是一个简单的轮询负载均衡算法的实现。

9.4.2 Producer 与 Broker 的通信

现在我们已经选好了MessageQueue，接下来就要与MessageQueue所在的Broker进行通信了，通信的代码依然在sendDefaultImpl方法内，如下所示。

```
sendResult = this.sendKernelImpl(msg, mq, communicationMode, send
Callback, topicPublishInfo, timeout - costTime);
```

进入sendKernelImpl方法后，可以看到一些简单的逻辑，如下所示。

```
    String brokerAddr = this.mQClientFactory.findBrokerAddress
InPublish(mq.getBrokerName());
```

```
        if (null == brokerAddr) {
            tryToFindTopicPublishInfo(mq.getTopic());
            brokerAddr = this.mQClientFactory.findBrokerAddressIn
Publish(mq.getBrokerName());
        }
```

上面的代码就是通过brokerName去本地缓存找它的实际的地址，如果找不到，就去找NameServer拉取Topic的路由信息，然后再次通过brokerName去本地缓存找它的实际的地址。

接下来的源码就很烦琐了，大家不用看也行。大体上包括了给消息分配全局唯一ID、在消息Request中包含了生产者组、Topic名称、Topic的MessageQueue数量、MessageQueue的ID、消息发送时间、消息的flag、消息扩展属性、消息重试次数、是不是批量发送的消息、如果是事务消息则带上prepared标记，等等。

总之，这里就是封装了很多很多的数据到一个Request里去，然后在底层还是通过Netty把这个请求发送到指定的Broker上去，如图9.18所示。

那么Broker在接收到消息后是如何处理的呢？其实这部分过程我们之前就讲解过，Broker接到消息后会先将消息写入CommitLog文件中，同时异步地把消息在CommitLog文件中的位置（偏移量offset）写入对应的ConsumeQueue中。

我们看一下CommitLog的源码，在putMessage方法中可以看到，Broker在将消息写入CommitLog文件的时候会申请一个putMessageLock锁，也就是说写入是串行的。

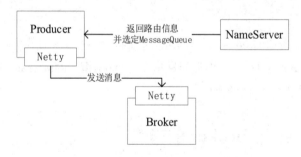

图9.18　Producer与Broker的通信

再往后看会有一段关键代码，把消息写入MappedFile里去，如下所示。

```
    ByteBuffer byteBuffer = writeBuffer != null ? writeBuffer.
slice() : this.mappedByteBuffer.slice();
    byteBuffer.position(currentPos);
    AppendMessageResult result = null;
    if (messageExt instanceof MessageExtBrokerInner) {
        result = cb.doAppend(this.getFileFromOffset(), byteBuffer,
this.fileSize - currentPos, (MessageExtBrokerInner) messageExt);
    } else if (messageExt instanceof MessageExtBatch) {
```

```
        result = cb.doAppend(this.getFileFromOffset(), byteBuffer,
this.fileSize - currentPos, (MessageExtBatch) messageExt);
    } else {
        return new AppendMessageResult(AppendMessageStatus.UNKNOWN_
ERROR);
    }
    this.wrotePosition.addAndGet(result.getWroteBytes());
    this.storeTimestamp = result.getStoreTimestamp();
    return result;
```

这里面最核心的就是cb.doAppend方法了，它把消息追加到MappedFile映射的一块内存里去，而没有写入磁盘中，如图9.19所示。

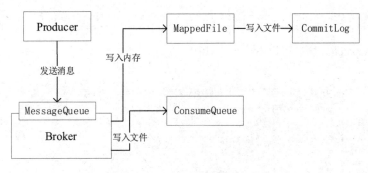

图9.19　Broker的内部处理

那么Broker是如何把数据写入ConsumeQueue的呢？其实Broker在启动的时候，也就是调用BrokerController的start方法的时候，会开启一个ReputMessageService的线程，我们看一下这个ReputMessageService的逻辑。

```
    @Override
    public void run() {
        DefaultMessageStore.log.info(this.getServiceName() + "
service started");

        while (!this.isStopped()) {
            try {
                Thread.sleep(1);
                this.doReput();
            } catch (Exception e) {
                DefaultMessageStore.log.warn(this.getService
Name() + " service has exception. ", e);
            }
        }

        DefaultMessageStore.log.info(this.getServiceName() + "
service end");
```

```
        }
```

可以看到，每隔1秒钟都会执行一次doReput()方法，我们进入这个方法可以看到如下代码。

```
DispatchRequest dispatchRequest =DefaultMessageStore.this.commitLog.
checkMessageAndReturnSize(result.getByteBuffer(), false, false);
```

可以看出这行代码就是从CommitLog中获取一个DispatchRequest，即要转发的消息。

再往下可以看到如下代码。

```
DefaultMessageStore.this.doDispatch(dispatchRequest);
```

进入doDispatch方法后可以看到如下代码。

```
    public void doDispatch(DispatchRequest req) {
        for (CommitLogDispatcher dispatcher : this.dispatcherList)
{
            dispatcher.dispatch(req);
        }
    }
```

这段代码的逻辑就很简单了，循环调用CommitLogDispatcher的dispatch方法，通过阅读源码可以看到dispatch方法是有两个实现的，代码如下。

```
class CommitLogDispatcherBuildConsumeQueue implements CommitLogDispatcher
{

    @Override
    public void dispatch(DispatchRequest request) {
        final int tranType = MessageSysFlag.
getTransactionValue(request.getSysFlag());
        switch (tranType) {
            case MessageSysFlag.TRANSACTION_NOT_TYPE:
            case MessageSysFlag.TRANSACTION_COMMIT_TYPE:
                DefaultMessageStore.this.putMessagePositionInfo(request);
                break;
            case MessageSysFlag.TRANSACTION_PREPARED_TYPE:
            case MessageSysFlag.TRANSACTION_ROLLBACK_TYPE:
                break;
        }
    }
}
```

```
class CommitLogDispatcherBuildIndex implements CommitLogDispatcher {

    @Override
    public void dispatch(DispatchRequest request) {
        if (DefaultMessageStore.this.messageStoreConfig.isMessage
IndexEnable()) {
            DefaultMessageStore.this.indexService.buildIndex(request);
        }
    }
}
```

这两个实现类分别对应着ConsumeQueue和IndexFile，也就是说当我们把消息写入CommitLog之后，是有一个后台线程ReputMessageService每隔1秒钟从CommitLog中拉取最新更新的一批消息，然后分别转发给ConsumeQueue和IndexFile，过程如图9.20所示。

读者一定会问，这个IndexFile是什么？我们之前好像没有讲过。

是的，之前我们确实没有提到过它，笔者也是在阅读源码的过程中发现了还有它的存在。顾名思义，IndexFile就是存储所有消息索引的文件，我们可以直接根据topic+msgId查看具体的消息，这就是利用了存储在IndexFile文件中的索引。

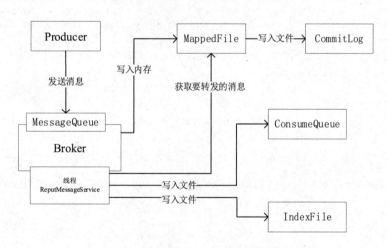

图9.20　Broker的内部处理

9.4.3　Broker 的同步刷盘与异步刷盘

之前我们说过，Broker接收到消息后会把消息追加到MappedFile映射的一块内存里去，而没有写入磁盘中，那么什么时候会写入磁盘中呢？

这就要提到我们之前讲过的同步刷盘与异步刷盘策略了，接下来就看一下这部分的源码。

再次回到写入CommitLog文件的方法CommitLog.putMessage中，我们可以在方法的后边看到如下内容。

```
        handleDiskFlush(result, putMessageResult, msg);
        handleHA(result, putMessageResult, msg);
```

顾名思义，这两个方法一个是决定如何刷盘的，一个决定如何把消息同步给Slave。

我们要看的就是handleDiskFlush这个方法，这个方法内容不多，代码直接粘贴到下方。

```
public void handleDiskFlush(AppendMessageResult result,
PutMessageResult putMessageResult,
                            MessageExt messageExt) {
    // Synchronization flush
    if (FlushDiskType.SYNC_FLUSH == this.defaultMessageStore.
          getMessageStoreConfig().getFlushDiskType()) {
       final GroupCommitService service = (GroupCommitService)
this.flushCommitLogService;
       if (messageExt.isWaitStoreMsgOK()) {
          GroupCommitRequest request = new GroupCommitRequest(
                result.getWroteOffset() + result.getWroteBytes());
          service.putRequest(request);
          boolean flushOK = request.waitForFlush(this.default
MessageStore.
getMessageStoreConfig().getSyncFlushTimeout());
          if (!flushOK) {
             log.error("do groupcommit, wait for flush failed,
topic: " +
                  messageExt.getTopic() + " tags: " + message
Ext.getTags()
                  + " client address: " + messageExt.
getBornHostString());
       putMessageResult.setPutMessageStatus(PutMessageStatus.FLUSH_
DISK_TIMEOUT);
          }
       } else {
          service.wakeup();
       }
    }
    // Asynchronous flush
    else {
if(!this.defaultMessageStore.getMessageStoreConfig().isTransient
    StorePoolEnable()) {
          flushCommitLogService.wakeup();
       } else {
          commitLogService.wakeup();
```

```
        }
    }
}
```

代码的逻辑很清晰，分为同步刷盘和异步刷盘两部分，我们先来分析一下同步刷盘部分。

同步刷盘其实就是构建了一个GroupCommitRequest，提交给GroupCommitService去处理，然后调用request.waitForFlush等待刷盘结果，如果刷盘失败就去打印日志。

具体的刷盘部分代码在GroupCommitService.doCommit方法中，其中比较关键的代码如下。

```
CommitLog.this.mappedFileQueue.flush(0);
```

再往深处看会看到如下代码。

```
this.mappedByteBuffer.force();
```

这个mappedByteBuffer是jdk的nio包下的api，force方法就是强制把内存的数据刷入磁盘，底层调用的是force()方法，force()是一个native本地方法。

同步刷盘我们了解这么多就可以了，接下来看一下异步刷盘。

异步刷盘就是调用了flushCommitLogService.wakeup()，那flushCommitLogService是什么呢？其实它是一个线程父类，子类是CommitRealTimeService，里边的逻辑其实就是每隔一段时间进行一次刷盘，最大间隔是10秒。

至于内部具体的实现细节，感兴趣的小伙伴们可以自己去探索一下。

9.4.4　Consumer 的创建与启动

我们还是从Consumer接收消息的代码看起，一般情况下Consumer的核心代码如下。

```
DefaultMQPushConsumer consumer = new DefaultMQPushConsumer("group_
name");
consumer.setNamesrvAddr("127.0.0.1:9876");
consumer.start();
```

可以看到，最后一定是调用start方法来启动消费者，我们进入start方法可以看到以下内容。

```
this.defaultMQPushConsumerImpl.start();
```

再进入此方法可以看到这么一行代码。

```
this.mQClientFactory = MQClientManager.getInstance()
        .getAndCreateMQClientInstance(this.defaultMQPushConsumer,
this.rpcHook);
```

进入这个mQClientFactory的源码你会发现，它的内部封装了有关Netty网络通信的组件，具体代码就不做演示了。

我们再接着往下看，可以看到如下代码。

```
this.rebalanceImpl.setConsumerGroup(
        this.defaultMQPushConsumer.getConsumerGroup());
this.rebalanceImpl.setMessageModel(
        this.defaultMQPushConsumer.getMessageModel());
this.rebalanceImpl.setAllocateMessageQueueStrategy(
        this.defaultMQPushConsumer.getAllocateMessageQueueStra-
tegy());
this.rebalanceImpl.setmQClientFactory(
        this.mQClientFactory);
```

这段代码就是给rebalanceImpl设置的一些内容，我们能一眼看懂的就是消费者组和我们刚刚提到的mQClientFactory。

rebalanceImpl按照英文字面意思理解就是做重新平衡，什么是重新平衡呢？比如消费者组里的某个消费者宕机或者是增加了一台新的消费者，那么就会重新分配每个消费者的MessageQueue，这就是所谓的重新平衡。

继续往下看。

```
this.pullAPIWrapper = new PullAPIWrapper(
    mQClientFactory,
    this.defaultMQPushConsumer.getConsumerGroup(), isUnitMode());
this.pullAPIWrapper.registerFilterMessageHook(filterMessageHoo-
kList);
```

这个pullAPIWrapper其实就是拉取消息的API组件，我们再往下看。

```
if (this.defaultMQPushConsumer.getOffsetStore() != null) {
    this.offsetStore = this.defaultMQPushConsumer.getOffsetStore();
} else {
    switch (this.defaultMQPushConsumer.getMessageModel()) {
        case BROADCASTING:
            this.offsetStore = new LocalFileOffsetStore(
                    this.mQClientFactory, this.defaultMQPush
Consumer.getConsumerGroup());
            break;
```

```
        case CLUSTERING:
            this.offsetStore = new RemoteBrokerOffsetStore(
                    this.mQClientFactory, this.
defaultMQPushConsumer.getConsumerGroup());
            break;
        default:
            break;
    }
    this.defaultMQPushConsumer.setOffsetStore(this.offsetStore);
}
this.offsetStore.load();
```

这段代码一直在处理offsetStore，一看名字就知道是它用来处理Consumer消费进度offset的一个组件。

后面的代码我们就不再逐一阅读了，对于Consumer的启动部分，我们了解这么多就足够了。

9.5　小结

本章我们一起阅读了RocketMQ的核心部分源码，正式走进RocketMQ的底层。由于篇幅问题，虽然没有和大家逐行代码进行分析，但我相信大家一定已经掌握了阅读源码的技巧。

无论阅读什么项目的源码，我们都不应该过分追究非核心逻辑的实现细节，阅读源码的目的是更深入地理解项目核心实现思路，所以我们只要关注那些核心逻辑就可以了。

本章将是RocketMQ的最后一章，到这里我们学到的RocketMQ知识已经足够。

作业：希望大家可以自己去阅读一下RocketMQ高级功能的源码，看看事务消息、延时消息等功能的实现思路。

第 10 章

分布式事务

学习到这里，RocketMQ的内容就告一段落了，本章我们将一起学习分布式系统中不可避免的话题：分布式事务。

本章主要涉及的知识点如下。

- ACID与隔离级别。
- 业内分布式事务方案介绍。
- 了解分布式事务框架Seata。

10.1　ACID与隔离级别

想要理解分布式事务，首先应该先了解非分布式系统环境下的事务机制，本节我们通过模拟面试现场的方式来分享ACID与隔离级别。

可能我们经常会被面试官问到："你懂事务的ACID吗？"

你回答："ACID不就是原子性、一致性、隔离性和持久性嘛，这有什么好说的？"

当你这么回答的时候，面试官微微一笑，又问到："说得不错，那你能具体解释一下吗？"

你支支吾吾半天也没有说得特别清楚。

面试官有些不耐烦："好了，我知道了，那你能和我说说事务的隔离级别吗？"

你突然发现自己说不出来什么，想了想，还是回去准备准备再面试吧。

那么我们如何很好地回答这个问题呢？

10.1.1　事务的 ACID

假设现在面试官让我们说一说什么是事务的ACID，该怎么回答呢？

首先ACID指的是原子性、一致性、隔离性和持久性。

A就是Atomic，原子性说白了就是一堆SQL，要么一起执行成功，要么就都不执行，不存在其中一条执行成功的情况。

C就是Consistency，一致性是针对数据来讲的，可以理解成SQL执行之前和执行之后的数据必须是准确的，不能有误差。

I就是Isolation，隔离性，就是说两个事务之间互不干扰。

D就是Durability，持久性，事务执行成功了，当然要保证修改后的数据有效，所以要把数据保存起来。

面试官听了我们的讲解，觉得说得还不错，接着就来让我们再说一下事务的隔离级别。

10.1.2 事务的隔离级别

事务的隔离级别同样有四个，分别是：读未提交、读已提交（不可重复读）、可重复读、串行化。

读未提交：这个很好理解，就是说某个事务修改了一条数据，还没有提交的时候，其他事务就能读取到修改后的数据，术语上也称为脏读。

读已提交：字面意思，就是事务修改了数据并提交之后，其他事务才能查询到修改后的数据。那为什么又叫不可重复读呢？因为A事务修改数据提交之后，其他事务是可以直接读取到的，也就是说事务B刚开始读取的数据是1，执行过程中数据被事务A修改成了2，这个时候事务B再读取的时候获取到的是2而不是1，也就是说重复读取数据可能出现数据的不一致。

可重复读：理解了不可重复读，可重复读就很容易理解了，就是说一个事务重复读取同一个数据，可以保证读取到的值与最开始读取到的值是一致的。

串行化：串行化针对的是数据的插入，比如说一个事务批量修改某个字段的值为2，但同时另一个事务在执行插入操作，插入的这个字段的值是1，这就导致了最终结果有一行数据这个字段的值是错误的，这种情况术语上称为幻读。而解决幻读的方法就是串行化，串行化后事务只能串行运行，不能并行操作。

面试官听了我们这样的解释之后，毫不掩饰地对我们表示了认可，但发现他还在思考怎么提问题。

于是我们先下手为强，准备抛出一个大招，向面试官提出："其实我对可重复读在MySQL中是如何实现的比较感兴趣，所以我研究了一下这一部分，也跟您聊聊吧。"

10.1.3 MySQL 是如何实现可重复读的

我们知道MySQL数据库默认的隔离级别就是可重复读。MySQL的内部其实是通过MVCC机制来实现可重复读的，MVCC的意思是多版本并发控制。

MySQL的Innodb引擎会在每行数据的最后增加两个隐藏列，一个是行的创建时间，一个是行的删除时间，但这两个列中保存的其实不是时间，而是事务id，事务id是自增且唯一的。

那么假设当前数据的创建事务id为1，删除事务id为3，如下所示。

id	name	创建事务id	删除事务id
1	张三	1	3

那么如果正在执行的事务id为2，来查询这条数据是可以查得到的，因为当前执行的事务会查询事务id<=2的数据快照，所以无论后续事务对这条数据进行什么操作，都不影响事务id为2的事务对这条数据的查询。这就是MVCC机制的实现方式。

面试官听完你的这段回答之后，眼睛一下子亮了起来，立马通知你明天来上班吧！

10.2　业内分布式事务方案介绍

10.1节我们通过模拟面试场景的方式和大家聊了聊ACID与隔离级别，本节我们就正式开始学习分布式事务。

10.2.1　CAP 理论与 BASE 理论

首先要和大家说的就是大名鼎鼎的CAP理论与BASE理论了，这两个理论与解决分布式事务问题是密切相关的。

其实网上有很多关于CAP与BASE相关的文章，篇幅很长，让人看起来头大。笔者将以最简短的文字让大家理解它们的含义。

1. CAP理论

CAP，就是Consistency、Availability、Partition Tolerence的简称，简单来说，就是一致性、可用性、分区容忍性。

首先说说一致性，顾名思义，保证分布式系统下各个环节的数据是一致的，准确无误的。

再说可用性，同样字面意思理解，保证分布式系统出现异常、宕机情况下依然对用户可用。

最后是分区容错性，这个看起来不太好理解，其实你就把它理解成假如分布式服务器之间出现网络故障，依然可以正常运转就行了。

所以CAP理论我们就介绍完了。另外要说明的是，CAP是不能同时满足的，只能满足CP或AP。

既然是分布式环境，那么就一定涉及网络问题，所以P是一定要保证的。如果放弃了使用P，而选择CA，那么网络出现问题时，如果各个节点都分别操作一下数据，就很可能出现数据不一致的情况，所以为了保证C，就要禁止多节点同时写入数据，也就是加锁，这就违背了A的可用性要求，因为加锁的时候是不可用的。

2. BASE理论

那BASE理论又是什么呢？所谓的BASE，是Basicly Available、Soft State、Eventual Consistency的简称，也就是基本可用、软状态、最终一致性。

首先说基本可用，你可以简单理解成在分布式系统中基本保证同时满足CAP理论。

然后是软状态，我们都知道分布式系统是无法同时保证CAP的，为了保证数据的一致性，往往需要一段数据处理时间，这段时间内数据可能出现不一致，这段时间就称为软状态。软状态的表现形式其实我们已经体验过了，比如给订单支付的时候，会提醒你"正在支付中，请稍候"，这段时间你是不能操作订单的。

最后是最终一致性，也就是说无论中间数据不一致的时间持续多久，最终都会保证数据的一致，这就是最终一致性，就比如消息中间件。

CAP理论与BASE理论是解决分布式事务的基本知识，我们理解到这个程度就可以了。

10.2.2 XA 规范与 2PC/3PC 分布式事务

1. XA规范

我们先了解一下什么是XA规范。

有个叫作X/Open的组织定义了分布式事务的模型，这个模型中包含了几个角色，分别是AP（Application，应用，也就是我们的系统），TM（Transaction Manager，分布式事务管理器），RM（Resource Manager，资源管理器，可以理解成数据库），CRM（Communication Resource Manager，通信资源管理器，可以是消息中间件），它们之间的关系如图10.1所示。

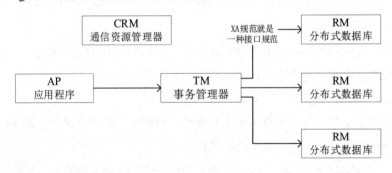

图10.1　XA规范

分布式事务其实就是一个横跨多个数据库的事务，这个事务里，涉及了多个数据库的操作，然后要保证多个数据库中，任何一个操作失败了，其他所有库的操作全部回滚。

而XA就是定义好的TM与RM之间的接口规范，XA仅仅是个规范，具体的实现是由数据库厂商来提供的。

2. 2PC

2PC其实就是基于XA规范搞的一套分布式事务的理论，意思就是两阶段提交，分别是准备阶段和提交阶段。

（1）准备阶段，简单来说就是TM先发送一个prepare消息给各个数据库，让各个库先把分布式事务里要执行的各种操作先执行好，但不提交，同时返回一个响应消息给TM，如果成功了就发送一个成功的消息，如果失败了就发送一个失败的消息。

（2）提交阶段，主要分为两种情况，一种情况就是TM接收到失败的消息或者超时没有接到消息，TM就认为本次事务出现错误，就会发送给所有RM回滚的消息，并且认为回滚一定会成功；另一种情况就是TM接收到成功的消息，那么就会发送给所有RM提交的消息，并且认为每个RM收到消息后一定会成功执行提交操作。

看到这里，小伙伴们觉得2PC的方案可靠吗？没错，2PC的方案是不可靠的。

首先，当TM发送prepare消息给RM的时候，会锁定资源，如果其他人要访问这个资源，就会进入阻塞状态。

然后如果TM是一个单机的，就会存在单点故障问题。

如果我们把TM做成了双机热备，且支持双机自动切换，那么如果此时TM发送了prepare消息给某个RM，之后就发生故障，进行了备机的切换，此时这个备机是不知道之前的主机做了什么，就会导致状态信息的丢失。

另外，如果有些数据库接收到了commit消息，有些数据库由于脑裂问题没有接收到消息，那么数据就出现问题了。

3. 3PC

既然我们知道2PC的方案是不可靠的，所以当然要解决，于是3PC方案诞生了，它就是三阶段提交，过程如下。

（1）TM向RM发送CanCommit消息，然后等待RM返回结果，需要注意的是此时RM并没有执行事务，其实就是检查了一下网络是否正连通。

（2）如果所有的RM都返回连接正常，那么TM接着向RM发送PreCommit消息，这个阶段就是2PC中的第一个阶段，RM接收消息执行事务但不提交。如果有RM返回连接不正常，那么TM就会发送abort消息给RM，直接终止事务。

（3）如果TM发送了PreCommit消息后，并接收到RM成功的响应，那么就会发送DoCommit给RM，RM收到消息执行提交操作。如果返回了错误的响应或者超时未响应，那么就发送abort消息给RM执行回滚。

简单来讲3PC就是这样，那新增一个阶段到底对2PC有什么改进呢？

这就要说到3PC的PreCommit阶段了，TM发送PreCommit给RM后，各个RM是有自己的超时机制的，如果收到PreCommit并且返回成功了，一段时间后没有接收到TM发送的DoCommit请求，那么RM会认为TM出现了故障，自动执行提交操作。这样就解决了TM单点故障的问题。

为什么可以这样做呢？就是因为新增了一个CanCommit确认的阶段。不过虽然这样做解决了TM的单点故障问题，但实际上还是有缺陷的。

如果TM本来是想要发送abort消息给RM的，但未发送之前就挂掉了，那么RM超时后自动执行提交操作数据又会出现问题了。所以2PC与3PC本质上都不能保证分布式事务的绝对可靠。

10.2.3 TCC 分布式方案

既然2PC与3PC都存在缺陷，那有没有什么方案可以更加可靠一些呢？这就是我们要说到的TCC方案了。TCC的过程是：Try、Confirm、Cancel，也就是尝试阶段、确认执行阶段和取消执行阶段。

就拿两个不同银行间的转账操作来说。

Try阶段：把A、B两个账户的资金冻结住，不允许其他操作。

Confirm阶段：执行实际业务逻辑，也就是扣除A账户的金额，增加B账户的金额。

Cancel阶段：一旦整个操作中出现异常，就执行回滚操作，并解除资金的冻结状态，保证金额的准确性。

如图10.2所示。

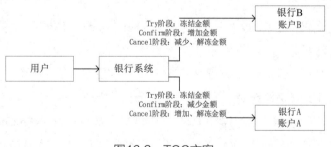

图10.2　TCC方案

相信看到这里，小伙伴们对于TCC方案的过程已经了解了，但在实际使用TCC方案的时候，我们往往需要专门引入一套分布式事务的框架来保证TCC过程的正常运行，比较常见的框架有ByteTCC、TCC-transaction、Himly、Seata。

10.2.4　可靠消息最终一致性方案

TCC方案只适用于执行同步操作的业务中，如果操作过程中出现了异步，也就是说调用了消息中间件，这时就要用上可靠消息最终一致性方案了。

我们就以RocketMQ的事务消息来说明一下大概流程。

（1）A系统先发一个prepare消息到RocketMQ中，如果过程中出现错误直接取消操作。

（2）如果prepare消息发送成功，那么A系统就开始执行自己本地的业务逻辑，如果本地的业务逻辑执行成功了，就向RocketMQ发送确认消息，否则终止操作，本地事务回滚，同时发送回滚消息给RocketMQ。

（3）当A系统发送了确认消息后，B系统就可以消费这条消息，去执行自己的业务逻辑了。

（4）RocketMQ会定时轮询扫描prepare消息，如果发现prepare消息长期没有接收到提交或回滚的消息，那么会重新调用A系统的补偿接口，来判断这条消息是否已经执行成功，如果执行成功了A系统就重新发送确认消息，否则发送回滚消息。

（5）如果说B系统执行消息的时候出现错误，就不会更新RocketMQ的消息消费进度，所以会不断重新消费，直到成功执行为止。如果针对特殊的业务需求，需要全面回滚，那就要想办法通知A系统执行手动回滚操作了，比如使用ZooKeeper的监听机制、补偿接口直接调用等，这里没有固定方案。

整个流程如图10.3所示。

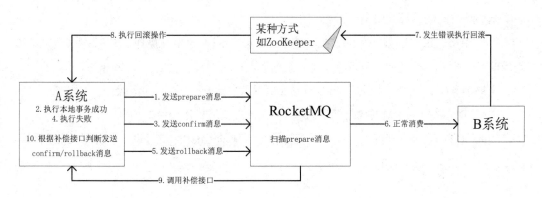

图10.3　可靠消息最终一致性方案

10.3 实战：分布式事务框架Seata

学完了分布式事务的一些理论知识，我们就来看一看当下阿里开源的最流行的分布式事务框架Seata。

10.3.1 Seata 原理介绍

Seata是阿里巴巴开源的分布式事务中间件，以高效并且对业务0侵入的方式，解决微服务场景下面临的分布式事务问题。

Seata为用户提供了AT、TCC、SAGA和XA四种分布式解决方案，其中TCC与XA我们已经介绍过了，SAGA指的是长事务，多个服务串联在一起执行，补偿，国内一般不用，我们不用纠结于它，AT才是Seata的精髓。

使用AT模式，无须我们自己去编写TCC的三个接口，业务代码还是跟以前一样，就是一个接口，那么它是如何实现分布式事务的呢？这就要先介绍一下Seata中的几个角色了。

Seata中包含三个角色：TC、TM、RM。

TC：事务协调器，Seata自己独立部署的一个Server，它用于协调全局事务的提交和回滚。

TM：事务管理器，用于对单个的分布式事务进行管理，最终决定这个分布式事务的全局提交或全局回滚。

RM：资源管理器，是对一个全局分布式事务内的每个服务本地分支事务进行管理。

了解了Seata中的几个关键角色，接下来我们就来看一下Seata的执行流程。

（1）Seata会通过TM向TC注册一个全局事务，TC接收到请求会执行注册操作并生成一个全局唯一的txid返回给TM。

（2）RM通过代理数据库的连接，来执行CRUD的本地事务操作，这时在执行SQL语句的时候会生成一些逆向的undo log插入数据库的undo_log表里去，undo log中记录了分支ID，全局事务ID，以及事务执行的redo和undo数据，以供之后执行回滚操作。

（3）TC根据所有RM的执行情况来向RM发出提交或回滚命令。

（4）RM如果接收到提交命令，只需要删除对应的undo log就可以了；如果接收到回滚命令，就会根据undo log进行回滚操作。

10.3.2 Seata Server 的部署

既然了解了Seata的原理，我们就实际动手来部署一下Seata的服务吧。

首先进入Seata的官网http://seata.io/zh-cn/blog/download.html来下载所需安装包，我们选择的是1.4.0版本，选择binary进行下载，如图10.4所示。

图10.4　Seata安装包获取

下载之后，我们把它放到Linux服务器/home/目录中，然后执行yum -y install unzip指令来安装解压命令，再使用unzip seata-server-1.4.0.zip命令将压缩包解压，解压后的目录结构如图10.5所示。

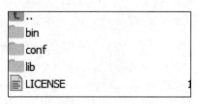

图10.5　Seata安装包结构

我们进入bin目录中就可以看到启动脚本了，使用如下命令即可启动Seata Server。

注意：启动之前需确保Linux服务器中已经安装了Java环境。

```
sh seata-server.sh -p 8901 -h 192.168.220.111 -m file
```

如果想要后台启动的话可以执行下面的命令。

```
nohup sh seata-server.sh -p 8901 -h 192.168.220.111 -m file
> /dev/null 2>&1 &
```

10.3.3 Seata 的代码实现

接下来小伙伴们一定想要知道在项目中如何使用Seata。其实Seata官方已经为我们提供了大量的代码集成案例，假如系统引入了Seata框架，完全可以从官方的案例中找到使用方式，案例网址：https://github.com/seata/seata-samples。

进入这个网址后，可以看到大量的集成案例。我们从其中选出一部分内容，代码如下。

```java
/**
 * 处理业务逻辑  正常的业务逻辑
 * @Param:
 * @Return:
 */
@GlobalTransactional(timeoutMills = 300000, name = "dubbo-gts-seata-example")
@Override
public ObjectResponse handleBusiness(BusinessDTO businessDTO) {
    log.info("开始全局事务, XID = " + RootContext.getXID());
    ObjectResponse<Object> objectResponse = new ObjectResponse<>();
    //1. 扣减库存
    CommodityDTO commodityDTO = new CommodityDTO();
    commodityDTO.setCommodityCode(businessDTO.getCommodityCode());
    commodityDTO.setCount(businessDTO.getCount());
    ObjectResponse storageResponse = storageDubboService.decreaseStorage(commodityDTO);
    //2. 创建订单
    OrderDTO orderDTO = new OrderDTO();
    orderDTO.setUserId(businessDTO.getUserId());
    orderDTO.setCommodityCode(businessDTO.getCommodityCode());
    orderDTO.setOrderCount(businessDTO.getCount());
    orderDTO.setOrderAmount(businessDTO.getAmount());
    ObjectResponse<OrderDTO> response = orderDubboService.createOrder(orderDTO);

    if (storageResponse.getStatus() != 200 || response.getStatus() != 200) {
        throw new DefaultException(RspStatusEnum.FAIL);
    }

    objectResponse.setStatus(RspStatusEnum.SUCCESS.getCode());
    objectResponse.setMessage(RspStatusEnum.SUCCESS.getMessage());
    objectResponse.setData(response.getData());
    return objectResponse;
}
```

代码位置在samples-business-service项目中的BusinessServiceImpl类中，可以看出这部分代码就是全局事务的开始部分，扣减库存与创建订单处于一个全局事务下，而开启全局事务只需要在方法上增加 @GlobalTransactional注解即可。就是这么简单，我们只需要编写业务代码即可，而分布式事务部分Seata已经帮我们实现了。

有关maven依赖的引入及配置文件的修改，这里就不做说明了，官方文档已经做出了详细的说明。

另外值得一提的是，其实我们接触的90%的项目都是不需要引入Seata框架的，只有在涉及金钱的交易等强事务的业务中才会使用到，像是代码示例中的扣减库存与创建订单业务，实际在分布式系统中往往是通过引入消息中间件来实现异步化的，在这种情况下，一般我们会选择可靠消息的最终一致性方案来实现分布式事务。

10.4　小结

本章我们对分布式事务有了一个比较深刻的认识，理解了分布式系统下的CAP与BASE理论，并了解了常见的分布式事务的解决方案，包含XA规范的2PC、3PC方案，TCC方案，可靠消息最终一致性方案。

在理解了以上分布式事务解决方案的前提下，我们又学习了当前阿里开源的分布式事务框架Seata，使用Seata的AT模式实现分布式事务只需要加一个@GlobalTransactional注解即可，非常方便，但其实大多数分布式系统是不需要使用Seata框架的。

思考题：你们公司的系统需要引入分布式事务吗？如果需要引入，你能将Seata集成到自己的系统中吗？

第 11 章

分布式锁

第10章我们一起学习了分布式系统中不可避免的话题——分布式事务，本章我们继续学习另一个话题——分布式锁。

本章主要涉及的知识点如下。

- 为什么使用分布式锁。
- ZooKeeper实现分布式锁。
- Redis实现分布式锁。

11.1 分布式锁简介

关于分布式锁的概念，网上资料非常多，而且每篇文章内容写得都不少，但那么多的内容读者能看得进去吗？

本节笔者将用简短的语言给大家介绍一下分布式锁，希望大家不要过多地去纠结这些概念性问题，重在实践。

11.1.1 单机系统下的锁

首先我们抛开分布式系统的环境，回想一下自己有没有使用过并发编程。在使用并发编程的时候，有没有使用过sychronized关键字、Lock接口等锁机制。

相信大多数小伙伴都接触过这些内容，那当时又是为什么使用这些锁呢？说白了不就是为了保证线程安全吗？就是保证多个线程在并发处理一个变量的时候能保证这个变量的值始终是正确的。

所以其实我们使用锁的目的很简单，相信小伙伴们都能想通，这里不再赘述。

11.1.2 分布式锁

如果是单机系统，代码运行在单台服务器上，那么使用sychronized关键字确实可以实现锁机制，但换成是分布式系统呢？

现在假如这段需要加锁的代码同时部署在两台服务器上，而且这两台服务器实现负载均衡同时提供服务，那么当大量请求想要同时访问这段加锁的代码时，会同时访问两台服务器，那这个时候你使用sychronized关键字还能锁得住吗？

很明显锁不住，所以分布式锁应运而生。

当然这只是一种情况，涉及分布式系统必然会与网络相关，如果发生网络抖动，一个请求被重试了多次，就可能出现幂等性问题。分布式锁同样也可以解决这种问题。

有关分布式锁的概念性问题先讲解到这里，我们直接看看如何实现分布式锁。

11.2 Zookeeper实现分布式锁

本节我们就用Zookeeper动手实现分布式锁，至于Zookeeper是什么，这里不再介绍，有不明白的可以自行百度一下。

11.2.1 Zookeeper 实现分布式锁的原理

Zookeeper是如何实现分布式锁的呢？其实有好几种方案，但最合适的方案就是使用顺序临时节点。

实现的步骤如下。

（1）在zk中创建一个/lock节点，在这个节点下专门创建顺序临时节点。

（2）当线程进入后，直接在/lock节点下创建顺序临时节点。

（3）创建节点后，判断自己创建的节点是不是/lock节点下序号最小的节点，如果是，那么就成功获取到锁，如果不是，就对它的前一个节点进行监听。

（4）如果获取到锁，执行业务逻辑后，就会释放锁，也就是删除当前的顺序临时节点，由于后一个节点一直在监听它，所以后一个节点这时就可以获取到锁，执行业务逻辑，循环往复，直到把所有顺序临时节点全部删除为止。

这就是通过Zookeeper的顺序临时节点实现分布式锁的原理，如图11.1所示。

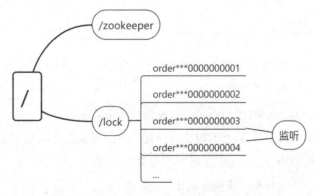

图11.1　Zookeeper实现分布式锁的原理

11.2.2　实战：使用 Curator 实现分布式锁

既然现在已经理解了Zookeeper实现分布式锁的原理，那么就来看一看在代码中是如何实现的吧。

如果自己手动实现这套流程还是比较复杂的，但目前已经有成熟的框架把实现简化了，那就是Curator框架。

Curator基于Zookeeper实现了InterProcessMutex（分布式可重入排它锁）、InterProcess-SemaphoreMutex（分布式排它锁）、InterProcessReadWriteLock（分布式读写锁）、InterProcessMultiLock（将多个锁作为单个实体管理的容器）四种不同的锁实现，其中的InterProcessMutex的底层实现就是我们前面说到的顺序临时节点。

在Spring Boot项目中使用Curator还是很容易的，直接在pom.xml中引入如下依赖即可。

```
<dependency>
    <groupId>org.apache.curator</groupId>
    <artifactId>curator-recipes</artifactId>
    <version>5.1.0</version>
</dependency>
```

接下来需要准备一个配置类，用来初始化与Zookeeper的连接，代码如下。

```
@Configuration
public class CuratorConfig {

    @Bean(initMethod = "start")
    CuratorFramework curatorFramework(){
        RetryPolicy retryPolicy = new ExponentialBackoffRetry(1000, 3);
        CuratorFramework client = CuratorFrameworkFactory.newClient("192.168.220.111:2181", retryPolicy);
        return client;
    }
}
```

当然，这里的连接字符串"192.168.220.111:2181"我们也可以自己定义一个配置文件，用@Value来读取。

那么如何在业务接口中实现分布式锁呢？代码如下。

```
@RestController
public class RechargeProviderController {

    @Autowired
```

229

```java
    private RechargeService rechargeService;

    @Autowired
    private CuratorFramework curatorFramework;


    /**
     * 充值
     * @param orderId
     * @param userId
     * @return
     */
    @GetMapping(value="/recharge/{userId}/{orderId}/")
    public boolean recharge(@PathVariable("userId") Integer userId
            ,@PathVariable("orderId") String orderId)throws
Exception{
        boolean result=false;
        InterProcessMutex lock =
                new InterProcessMutex(curatorFramework, "/order_
"+orderId);
        try{
            System.out.println("加锁");
            lock.acquire();
            UserAccount userAccount=new UserAccount();
            userAccount.setUserId(userId);
            result=rechargeService.recharge(orderId,userAccount);
        }catch(Exception e){
            result=false;
            throw new RuntimeException("执行失败");
        }finally {
            System.out.println("释放锁");
            lock.release();
        }
        return result;
    }

}
```

可以看到使用Curator后加锁与解锁很简单，只需要使用lock.acquire()和lock.release()就可以了。这里要注意的是，我们加锁的目标是同一条订单数据，锁的是数据，而不是接口本身。

11.3 Redis实现分布式锁

除了使用Zookeeper来实现分布式锁，其实使用Redis也可以实现。另外，在大多数的项目中其实不一定会用到Zookeeper，但Redis作为缓存在项目中用到的还是比较多的，所以我们更应该学会使用Redis来实现分布式锁。

11.3.1 Redis 实现分布式锁的原理

Redis是如何实现分布式锁的呢？大体过程如下。

（1）了解一下加锁的原理，其实就是看一下Redis中是否存在想要加的锁的key，如果不存在，那就是加锁成功了，把当前锁的数据写入Redis中；如果已经存在，再去判断当前key的value是否匹配，如果相匹配，代表了锁的重入，重入次数加1，如果不匹配，说明锁被其他线程占用，加锁失败。整个过程如图11.2所示。

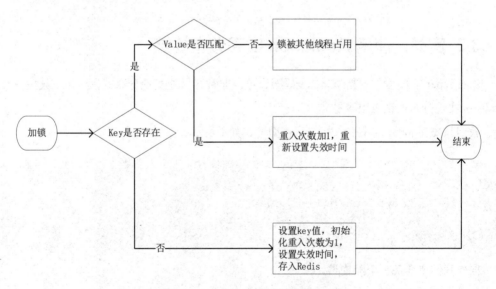

图11.2 Redis分布式锁加锁原理

（2）如果成功加锁，后台需要启用一个线程每隔10秒去判断一下锁是否还被持有，如果还被持有，就自动延长失效时间。

（3）如果加锁失败，程序会阻塞，一直重试加锁。为了避免出现死锁，一般会设置重试超时时间。

（4）释放锁就比较容易了，删除key就可以了。

整体流程如图11.3所示。

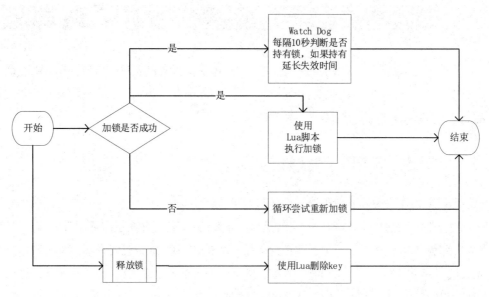

图11.3　Redis实现分布式锁原理

11.3.2　实战：使用 Redisson 实现分布式锁

Zookeeper有了比较成熟的Curator框架，可以非常容易地实现分布式锁，Redis也一样，Redisson实现分布式锁也很容易。

我们只要在pom.xml中引入相关依赖即可，如下所示。

```
<dependency>
    <groupId>org.redisson</groupId>
    <artifactId>redisson</artifactId>
    <version>3.13.4</version>
</dependency>
```

同样我们要准备一个配置类。

```
@Configuration
public class RedissonConfig {

    @Bean
    public Redisson redisson(){
        Config config=new Config();
        config.useSingleServer().setAddress("red
is://192.168.1.100:6379").setDatabase(0);
        return (Redisson) Redisson.create(config);
```

```
    }
}
```

以上配置针对的是单机Redis，如果想要连接Redis集群，需要修改配置如下。

```
@Configuration
public class RedissonConfig {

    @Bean
    public Redisson redisson(){
        Config config=new Config();
        config.useClusterServers().addNodeAddress("redis://127.0.0.
1:7000", "redis://127.0.0.1:7001")
                .addNodeAddress("redis://127.0.0.1:7002");
        return (Redisson) Redisson.create(config);
    }
}
```

那么如何具体使用Redisson实现分布式锁呢？我们还用Zookeeper中实现分布式锁的例子，修改成使用Redis实现，代码如下。

```
@RestController
public class RechargeProviderController {

    @Autowired
    private RechargeService rechargeService;

    @Autowired
    private Redisson redisson;

    /**
     * 充值
     * @param orderId
     * @param userId
     * @return
     */
     @GetMapping(value="/recharge/{userId}/{orderId}/")
     public boolean recharge(@PathVariable("userId") Integer userId,
@PathVariable("orderId") String orderId){
         boolean result=false;
         RLock redisLock=null;
         try{
             redisLock = redisson.getLock("order_" + orderId);
// 获取锁
             redisLock.lock(20,TimeUnit.SECONDS); // 避免死锁，
设置超时时间为20秒
```

```
    System.out.println("加锁");
    UserAccount userAccount=new UserAccount();
    userAccount.setUserId(userId);
    result=rechargeService.recharge(orderId,userAccount);
}finally {
    redisLock.unlock();
    System.out.println("释放锁");
    }
    return  result;
  }
}
```

可以看到使用Redisson实现分布式锁也很容易，只需要使用redisLock.lock()加锁，使用redisLock.unlock()释放锁即可，底层的Lua脚本、定时监控等我们都不用自己去写。

11.4 小结

本章我们一起学习了分布式锁的相关知识，了解了分布式锁的含义和使用分布式锁的原因。

同时我们又一起使用Zookeeper和Redis分别演示了分布式锁的具体实现代码，虽然实现分布式锁的原理较为复杂，但使用Curator和Redisson框架后实现起来还是很方便的。

给大家留下一个思考题：我们在真实的生产环境中，会大量使用分布式锁吗？代替分布式锁的方案是什么呢？

这里笔者直接告诉大家，代替方案是乐观锁，并且使用乐观锁的效率明显高于分布式锁，希望大家自己去查阅了解一下乐观锁的机制。

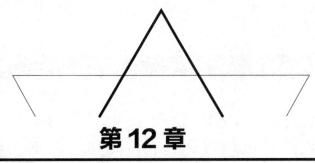

第12章

电商网站系统案例实战

本章我们将进入本书的最后一个章节，即实战项目部分，通过一个电商网站系统的项目，将我们学过的内容融入进去，并对使用到的技术进行补充学习，相信小伙伴们已经迫不及待了吧，那我们现在开始。

注意：实战项目的最终代码可能会与书中代码有一些不同，笔者也是边写代码边写书，书中内容主要是给读者一个开发项目的思路，最终代码以随书源码为准。

12.1 项目业务分析

首先我们要明白，开发一个完整的电商项目绝非易事，带大家实际动手实现项目是为了更深刻地理解分布式系统，并学会将所学的知识实际应用于工作中，所以我们选出电商系统中的几个核心功能进行实现就可以了。

本项目主要实现电商系统中的下单和支付功能，我们分别介绍一下这两个业务。

12.1.1 下单业务

小伙伴们回想一下平时自己是怎么在电商系统中购物的，就可以理解下单业务的流程了。

（1）首先是选择商品，然后就是单击购买进行下单操作。

（2）单击购买的时候，后台通过RPC框架调用订单服务进行下单操作。

（3）选择了一些优惠券后，订单服务又会调用优惠券服务进行优惠券的扣减操作。

（4）订单服务还会调用库存服务，校验库存并扣减库存。

（5）订单服务调用用户服务，进行余额的扣减操作。

（6）订单服务确认订单，下单流程结束。

整个流程如图12.1所示。

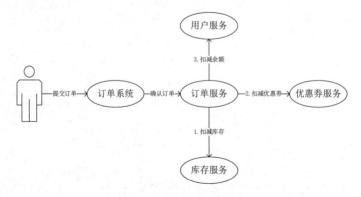

图12.1　下单业务流程

12.1.2　支付业务

接下来是支付流程。

（1）用户请求支付系统。

（2）支付系统调用第三方支付API发起支付流程。

（3）支付成功后，修改订单状态为已支付。

（4）支付系统调用积分系统增加用户积分。

（5）支付系统调用日志系统记录支付日志。

支付流程如图12.2所示。

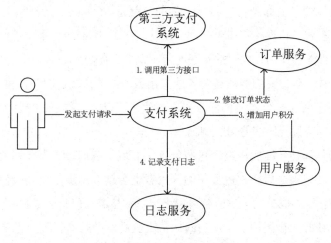

图12.2　支付业务流程

到这里相信小伙伴们对于我们要做的项目流程已经比较清晰了，但其实以上流程都是正向流程，如果其中哪一环节发生错误，就会涉及事务回滚的操作了，对于这部分反向流程我们之后进行开发的时候再说。

注意：实际开发项目的过程中，业务流程图部分由产品经理提供，反向流程也应该与架构师讨论直接提供出方案。

12.2 基础技术架构与表结构设计

本节我们开始根据业务设计对应表结构，并搭建基础开发框架，为后续业务开发做准备。另外本章全部为实践内容，不会对新技术的原理进行剖析。

12.2.1 技术选型

本项目我们不会去考虑前端页面的实现方式，重在后端的实现。

本项目将采用Spring Cloud Alibaba全家桶进行实现，包括RPC框架Dubbo、注册中心与配置中心Nacos、消息中间件RocketMQ等。数据库使用MySQL，环境部署考虑使用Docker+Kubernetes的方式，实现容器化部署。

另外笔者和大家分享一下一个项目从无到有的阶段，技术方面我们需要考虑什么。

首先当然是讨论硬件方面需要几台服务器，需要多少内网服务器，需要多少公网服务器，这些服务器需要什么样的配置。

然后是代码托管平台的选择，目前常用的也就是git、svn，还有的公司可能使用的是tfs，tfs已经是过去式了，现在很少有公司会使用，svn相比于git也是比较旧的工具了，一些传统行业的公司可能会使用，而目前互联网行业大多都在使用git。

除了代码托管平台，我们当然还要考虑文档服务器了，文档服务器可以选择使用svn来存储，一般不会使用git来当作文档服务器，当然也可以自己部署FTP服务器，或者其他云文件存储服务器，这就要根据公司的情况来选择了。

以上内容都是基础环境的搭建，这些都确定之后，我们是不是还需要一个Maven私服呢？毕竟项目发展起来之后，招进公司的开发者也会越来越多，一些项目的核心代码是不应该暴露给项目非核心成员的，这时就可以把项目的核心代码打包成JAR包发布到Maven私服中，供其他非核心成员引用。同时Maven私服也可以做版本管理，把测试通过后发布的稳定版本jar包上传到私服中做正式发布。

一个项目从无到有，技术方面考虑的内容远不止这么多，考虑来源于需求，需求来源于客户，相辅相成。

笔者就先分享这么多，希望能让小伙伴们开拓一下思维，对我们的行业有一个更清晰的认识。

12.2.2 Spring Cloud Alibaba 框架搭建

现在我们一起动手搭建一下Spring Cloud Alibaba的基础框架。

（1）使用idea创建一个新的Spring Boot项目（过程略），项目名称为shop，此项目用来做父工程，所以我们把项目中多余的内容统统删除，只留下pom.xml即可，手动修改pom.xml内容如下。

```
<?xml version="1.0" encoding="UTF-8"?>
```

```xml
<project xmlns="http://maven.apache.org/POM/4.0.0"
xmlns:xsi="http://www.w3.org/2001/XMLSchema-instance"
        xsi:schemaLocation="http://maven.apache.org/POM/4.0.0 https:
//maven.apache.org/xsd/maven-4.0.0.xsd">
    <modelVersion>4.0.0</modelVersion>
    <groupId>com.huc</groupId>
    <artifactId>shop</artifactId>
    <version>1.1.0</version>
    <name>shop</name>
    <description>电商网站系统案例项目</description>
<packaging>pom</packaging>
    <properties>
        <java.version>1.8</java.version>
        <project.build.sourceEncoding>UTF-8</project.build.source
Encoding>
        <project.reporting.outputEncoding>UTF-8</project.reporting.
outputEncoding>
        <spring-boot.version>2.3.7.RELEASE</spring-boot.version>
        <spring-cloud.version>Hoxton.SR9</spring-cloud.version>
        <spring-cloud-alibaba.version>2.2.5.RELEASE</spring-cloud-
alibaba.version>
    </properties>

    <dependencyManagement>
        <dependencies>
            <!-- SpringBoot 依赖配置 -->
            <dependency>
                <groupId>org.springframework.boot</groupId>
                <artifactId>spring-boot-dependencies</artifactId>
                <version>${spring-boot.version}</version>
                <type>pom</type>
                <scope>import</scope>
            </dependency>

            <!-- SpringCloud 微服务 -->
            <dependency>
                <groupId>org.springframework.cloud</groupId>
                <artifactId>spring-cloud-dependencies</artifactId>
                <version>${spring-cloud.version}</version>
                <type>pom</type>
                <scope>import</scope>
            </dependency>

            <!-- SpringCloud Alibaba 微服务 -->
            <dependency>
                <groupId>com.alibaba.cloud</groupId>
                <artifactId>spring-cloud-alibaba-dependencies</
artifactId>
```

```xml
            <version>${spring-cloud-alibaba.version}</version>
            <type>pom</type>
            <scope>import</scope>
        </dependency>
    </dependencies>
</dependencyManagement>

<dependencies>

</dependencies>

<build>
    <plugins>
        <plugin>
            <groupId>org.apache.maven.plugins</groupId>
            <artifactId>maven-compiler-plugin</artifactId>
            <version>3.8.1</version>
            <configuration>
                <source>1.8</source>
                <target>1.8</target>
                <encoding>UTF-8</encoding>
            </configuration>
        </plugin>
        <plugin>
            <groupId>org.springframework.boot</groupId>
            <artifactId>spring-boot-maven-plugin</artifactId>
            <version>2.3.7.RELEASE</version>
            <configuration>
              <mainClass>com.huc.shop.ShopApplication</mainClass>
            </configuration>
            <executions>
                <execution>
                    <id>repackage</id>
                    <goals>
                        <goal>repackage</goal>
                    </goals>
                </execution>
            </executions>
        </plugin>
    </plugins>
</build>

</project>
```

注意：作为父工程，pom文件中一定要指定<packaging>pom</packaging>，否则编译时会出现让你头疼的问题。

到此，我们的项目如图12.3所示。

图12.3　框架搭建步骤1

（2）我们应该创建一个公共模块，用于编写一些工具类代码，同样删除多余内容，修改pom.xml内容如下。

```xml
<?xml version="1.0" encoding="UTF-8"?>
<project xmlns="http://maven.apache.org/POM/4.0.0"
xmlns:xsi="http://www.w3.org/2001/XMLSchema-instance"
        xsi:schemaLocation="http://maven.apache.org/POM/4.0.0 https:
//maven.apache.org/xsd/maven-4.0.0.xsd">
    <parent>
        <groupId>com.huc</groupId>
        <artifactId>shop</artifactId>
        <version>1.1.0</version>
    </parent>
    <modelVersion>4.0.0</modelVersion>
    <artifactId>shop-common</artifactId>
    <description>公共模块</description>
    <packaging>pom</packaging>

</project>
```

同时在父项目shop的pom.xml中增加如下内容。

```xml
<modules>
    <module>shop-common</module>
</modules>
```

（3）创建服务模块shop-module，此模块为所有服务的工程，创建方式和common项目类似。

修改pom.xml内容如下。

```xml
<?xml version="1.0" encoding="UTF-8"?>
<project xmlns="http://maven.apache.org/POM/4.0.0"
xmlns:xsi="http://www.w3.org/2001/XMLSchema-instance"
        xsi:schemaLocation="http://maven.apache.org/POM/4.0.0
https://maven.apache.org/xsd/maven-4.0.0.xsd">
    <parent>
        <groupId>com.huc</groupId>
        <artifactId>shop</artifactId>
        <version>1.1.0</version>
    </parent>
    <modelVersion>4.0.0</modelVersion>
    <artifactId>shop-module</artifactId>
    <description>业务模块</description>
    <packaging>pom</packaging>

</project>
```

同样需要在shop项目的modules标签中增加如下内容。

```xml
        <module>shop-module</module>
```

（4）在shop-module项目中开始创建真正的业务服务，先创建订单模块shop-order，这个项目不再需要删除多余内容，我们的订单代码将会在这个项目中编写。

在pom.xml中增加如下内容，引入Spring Cloud Alibaba的nacos依赖。

```xml
<?xml version="1.0" encoding="UTF-8"?>
<project xmlns="http://maven.apache.org/POM/4.0.0"
xmlns:xsi="http://www.w3.org/2001/XMLSchema-instance"
        xsi:schemaLocation="http://maven.apache.org/POM/4.0.0 https:
//maven.apache.org/xsd/maven-4.0.0.xsd">
    <parent>
        <groupId>com.huc</groupId>
        <artifactId>shop-module</artifactId>
        <version>1.1.0</version>
    </parent>
    <modelVersion>4.0.0</modelVersion>
    <artifactId>shop-order</artifactId>
    <description>订单模块</description>

    <dependencies>
        <!-- SpringCloud Ailibaba Nacos -->
        <dependency>
            <groupId>com.alibaba.cloud</groupId>
            <artifactId>spring-cloud-starter-alibaba-nacos-
discovery</artifactId>
```

```
        </dependency>
        <!-- SpringCloud Ailibaba Nacos Config -->
        <dependency>
            <groupId>com.alibaba.cloud</groupId>
            <artifactId>spring-cloud-starter-alibaba-nacos-config
</artifactId>
        </dependency>
        <!-- Mysql Connector -->
        <dependency>
            <groupId>mysql</groupId>
            <artifactId>mysql-connector-java</artifactId>
        </dependency>
    </dependencies>

    <build>
        <finalName>${project.artifactId}</finalName>
        <plugins>
            <plugin>
                <groupId>org.springframework.boot</groupId>
                <artifactId>spring-boot-maven-plugin</artifactId>
                <executions>
                    <execution>
                        <goals>
                            <goal>repackage</goal>
                        </goals>
                    </execution>
                </executions>
            </plugin>
        </plugins>
    </build>

</project>
```

当然我们还应该在它的父模块shop-module中增加如下内容。

```
<modules>
    <module>shop-order</module>
</modules>
```

到这里相信大家已经掌握了基本思路，我们就不再一一演示了，之后可以相同的步骤创建出shop-pay支付模块、shop-coupon优惠券模块、shop-goods库存模块、shop-user用户模块。

创建后的结果如图12.4所示。

图12.4　框架搭建步骤2

（5）微服务项目当然少不了网关，接下来创建一下网关模块shop-gateway，修改pom.xml内容如下。

```xml
<?xml version="1.0" encoding="UTF-8"?>
<project xmlns="http://maven.apache.org/POM/4.0.0"
xmlns:xsi="http://www.w3.org/2001/XMLSchema-instance"
        xsi:schemaLocation="http://maven.apache.org/POM/4.0.0 https:
//maven.apache.org/xsd/maven-4.0.0.xsd">
    <parent>
        <groupId>com.huc</groupId>
        <artifactId>shop</artifactId>
        <version>1.1.0</version>
    </parent>
    <modelVersion>4.0.0</modelVersion>
    <artifactId>shop-gateway</artifactId>
    <description>网关模块</description>

    <dependencies>
        <!-- SpringCloud Gateway -->
        <dependency>
            <groupId>org.springframework.cloud</groupId>
            <artifactId>spring-cloud-starter-gateway</artifactId>
        </dependency>
        <!-- SpringCloud Ailibaba Nacos -->
        <dependency>
```

```
            <groupId>com.alibaba.cloud</groupId>
            <artifactId>spring-cloud-starter-alibaba-nacos-discovery
</artifactId>
        </dependency>
        <!-- SpringCloud Ailibaba Nacos Config -->
        <dependency>
            <groupId>com.alibaba.cloud</groupId>
            <artifactId>spring-cloud-starter-alibaba-nacos-config
</artifactId>
        </dependency>
    </dependencies>

    <build>
        <finalName>${project.artifactId}</finalName>
        <plugins>
            <plugin>
                <groupId>org.springframework.boot</groupId>
                <artifactId>spring-boot-maven-plugin</artifactId>
                <executions>
                    <execution>
                        <goals>
                            <goal>repackage</goal>
                        </goals>
                    </execution>
                </executions>
            </plugin>
        </plugins>
    </build>

</project>
```

　　主要是增加了gateway的依赖，具体代码我们先不考虑如何实现。不要忘了在shop模块的modules标签中把该模块包含进去哦！

　　（6）到这里我们似乎还差点什么模块没有创建，那就是API模块，用于微服务之间调用的API接口模块，为了简便，我们就直接创建一个shop-api模块，实际情况我们可以一个服务对应一个API模块。

　　要修改的pom.xml内容如下。

```
<?xml version="1.0" encoding="UTF-8"?>
<project xmlns="http://maven.apache.org/POM/4.0.0"
xmlns:xsi="http://www.w3.org/2001/XMLSchema-instance"
        xsi:schemaLocation="http://maven.apache.org/POM/4.0.0 https:
//maven.apache.org/xsd/maven-4.0.0.xsd">
```

```
<parent>
    <groupId>com.huc</groupId>
    <artifactId>shop</artifactId>
    <version>1.1.0</version>
</parent>
<modelVersion>4.0.0</modelVersion>
<artifactId>shop-api</artifactId>
<description>系统接口模块</description>

<dependencies>
</dependencies>

</project>
```

没错，我们先什么都不用引入。

到此项目基本骨架已经搭建完了，结构如图12.5所示。

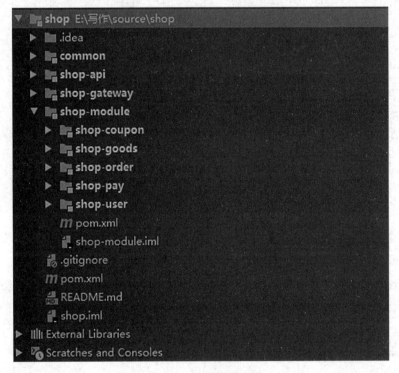

图12.5　框架搭建步骤3

12.2.3　数据库表结构设计

现在我们已经有了一个基本开发框架（虽然里边还是空的），接下来就开始考虑一下表结构。

可能大家比较熟悉的工具就是PowerDesigner了，我知道可能有些小伙伴的公司在设计表结构的时候也没有使用什么工具，直接在数据库中建表就结束了，然后把表结构整理成Word文档供之后查阅。但是这种方式就没必要写在书里了。

本次数据库表结构设计，笔者向大家介绍一款国产开源项目PdManer，个人觉得它是比PowerDesigner更容易使用的工具，具体怎么使用这里就不介绍了，相信大家打开看一看就能直接上手。

（1）订单表。

```
CREATE TABLE trade_order(
    order_id BIGINT(50) NOT NULL AUTO_INCREMENT  COMMENT '订单ID' ,
    user_id BIGINT(50) NOT NULL   COMMENT '用户ID' ,
    order_status INT(1)      COMMENT '订单状态 0未确认 1已确认 2已取消 3
无效 4退款' ,
    pay_status INT(1)     COMMENT '支付状态 0未支付 1支付中 2已支付' ,
    shipping_status INT(1)      COMMENT '发货状态 0未发货 1已发货 2已退货' ,
    address VARCHAR(512)      COMMENT '收货地址' ,
    consignee VARCHAR(128)       COMMENT '收货人' ,
    goods_id BIGINT(50)      COMMENT '商品ID' ,
    goods_number INT     COMMENT '商品数量' ,
    goods_price DECIMAL(10,2)      COMMENT '商品价格' ,
    goods_amount DECIMAL(10,2)       COMMENT '商品总价' ,
    shipping_fee DECIMAL(10,2)       COMMENT '运费' ,
    order_amount DECIMAL(10,2)       COMMENT '订单价格' ,
    coupon_id BIGINT(50)       COMMENT '优惠券ID' ,
    coupon_paid DECIMAL(10,2)        COMMENT '优惠券' ,
    money_paid DECIMAL(10,2)        COMMENT '已付金额' ,
    pay_amount DECIMAL(10,2)       COMMENT '支付金额' ,
    add_time DATETIME    COMMENT '创建时间' ,
    confirm_time DATETIME     COMMENT '订单确认时间' ,
    pay_time DATETIME     COMMENT '支付时间' ,
    PRIMARY KEY (order_id)
) COMMENT = '订单表 ';
```

（2）订单支付表。

```
CREATE TABLE trade_pay(
    pay_id BIGINT(50) NOT NULL AUTO_INCREMENT  COMMENT '支付编号' ,
    order_id BIGINT(50)      COMMENT '订单编号' ,
    pay_amount DECIMAL(10,2)      COMMENT '支付金额' ,
    is_paid INT(1)     COMMENT '是否已支付 1否 2是' ,
    PRIMARY KEY (pay_id)
) COMMENT = '订单支付表';
```

（3）优惠券表。

```
CREATE TABLE trade_coupon(
    coupon_id BIGINT(50) NOT NULL AUTO_INCREMENT  COMMENT '优惠券ID' ,
    coupon_price DECIMAL(10,2)      COMMENT '优惠券金额' ,
    user_id BIGINT(50)      COMMENT '用户ID' ,
    order_id BIGINT(50)      COMMENT '订单ID' ,
    is_used INT(1)      COMMENT '是否使用 0未使用 1已使用' ,
    used_time DATETIME      COMMENT '使用时间' ,
    PRIMARY KEY (coupon_id)
) COMMENT = '优惠券表';
```

（4）商品表。

```
CREATE TABLE trade_goods(
    goods_id BIGINT(50) NOT NULL AUTO_INCREMENT  COMMENT '主键' ,
    goods_name VARCHAR(128)      COMMENT '商品名称' ,
    goods_number INT      COMMENT '商品库存' ,
    goods_price DECIMAL(10,2)      COMMENT '商品价格' ,
    goods_desc VARCHAR(512)      COMMENT '商品描述' ,
    add_time DATETIME      COMMENT '添加时间' ,
    PRIMARY KEY (goods_id)
) COMMENT = '商品表';
```

（5）订单商品日志表。

```
CREATE TABLE trade_goods_number_log(
    goods_id BIGINT(50) NOT NULL  COMMENT '商品ID' ,
    order_id BIGINT(50) NOT NULL  COMMENT '订单ID' ,
    goods_number INT      COMMENT '库存数量' ,
    log_time DATETIME      COMMENT '记录时间' ,
    PRIMARY KEY (goods_id,order_id)
) COMMENT = '订单商品日志表';
```

（6）用户表。

```
CREATE TABLE trade_user(
    user_id BIGINT(50) NOT NULL AUTO_INCREMENT  COMMENT '用户ID' ,
    user_name VARCHAR(128)      COMMENT '用户姓名' ,
    user_password VARCHAR(128)      COMMENT '用户密码' ,
    user_mobile VARCHAR(128)      COMMENT '手机号' ,
    user_score INT      COMMENT '积分' ,
    user_reg_time DATETIME      COMMENT '注册时间' ,
    user_money DECIMAL(10,2)      COMMENT '用户余额' ,
    PRIMARY KEY (user_id)
```

```
) COMMENT = '用户表';
```

（7）用户余额日志表。

```
CREATE TABLE trade_user_money_log(
    user_id BIGINT(50) NOT NULL   COMMENT '用户ID' ,
    order_id BIGINT(50) NOT NULL   COMMENT '订单ID' ,
    money_log_type INT(1) NOT NULL    COMMENT '日志类型 1订单付款 2订
单退款' ,
    use_money DECIMAL(10,2)     COMMENT '操作金额' ,
    create_time DATETIME    COMMENT '日志时间' ,
    PRIMARY KEY (user_id,order_id,money_log_type)
) COMMENT = '用户余额日志表';
```

至此，我们一共创建了7张表，业务上就基本支持了，如果后续需要新增表结构，我们再单独说明。

另外附加PdManer创建7张表后的情况，如图12.6所示。

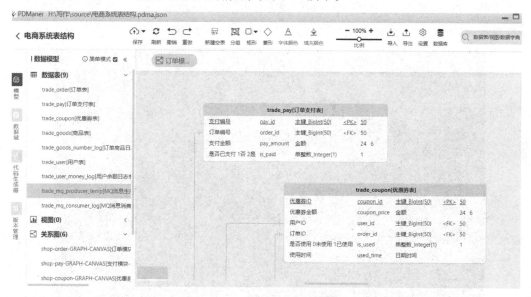

图12.6　PdManer工具展示

12.3　下单业务开发

现在我们已经设计好了基本的开发框架与数据库表结构，所以就可以开始直接进入编码环节了。但开发框架还是一个空壳，一般情况下应该由架构师提前把框架搭建好，包括一些基本工具类、注册中心、网关等基础环境。再进行业务编码的开发，但那样直接搭建环境，笔者认为有些略显生硬了。

所以我们放弃正常搭建环境的过程，直接编写业务代码，在编写代码的同时自然会想到框架中需要补充什么，那时再和大家一起把开发框架逐渐完善起来，相信经过这样的实践，大家一定会收获颇丰。

我们现在就开始吧。

12.3.1　下单接口定义

之前我们已经分析了下单业务的基本流程，当用户单击购买商品后，就会调用订单服务的下单接口来进行确认订单的操作，所以我们首先需要定义一个下单接口。这个下单接口的实体类对应的就是trade_order订单表了。

首先使用idea的逆向工程插件来生成订单表的实体类与mapper.xml，具体操作步骤如下。

（1）打开idea的Database插件，选择MySQL数据库，如图12.7所示。

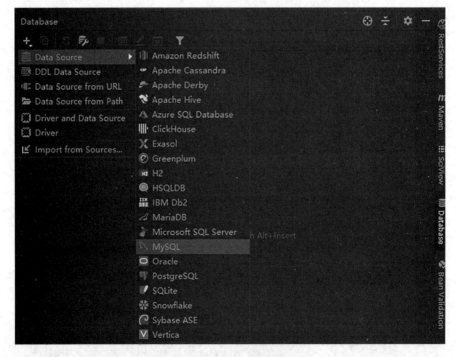

图12.7　idea逆向工程使用步骤1

（2）填写数据库的连接信息，创建连接，如图12.8所示。

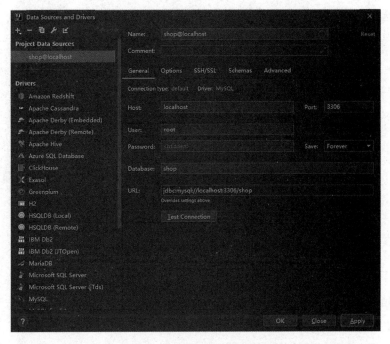

图12.8　idea逆向工程使用步骤2

（3）设置Schemas配置，让idea正常显示表结构，如图12.9所示。

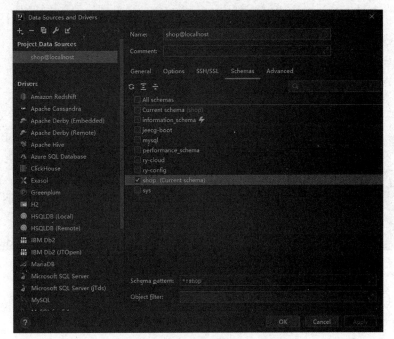

图12.9　idea逆向工程使用步骤3

（4）选中trade_order，右键选择mybatis-generator，如图12.10所示。

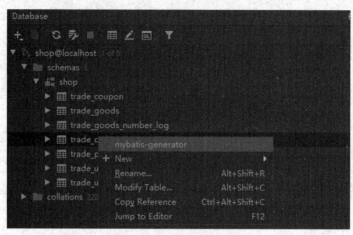

图12.10　idea逆向工程使用步骤4

（5）填写对应信息，把TradeOrderDao改成TradeOrderMapper，单击"OK"就可以在项目中生成实体类和mapper了，如图12.11所示。

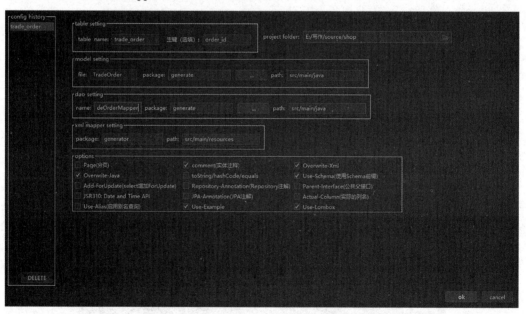

图12.11　idea逆向工程使用步骤5

（6）生成的代码就在项目的根目录下，我们把它放到合适的包下就可以了。

接下来就要考虑下单接口的返回值了，接口的返回值应该是统一格式的，创建一个统一的结果实体类Result放到shop-common-core模块中（此模块为shop-common的子模块，创建过程不再介绍），Result类的代码如下。

```
/**
 * 结果实体类
 */
public class Result implements Serializable {
    private Boolean success;
    private String message;

    public Result() {
    }

    public Result(Boolean success, String message) {
        this.success = success;
        this.message = message;
    }

    ...省略get/set

    @Override
    public String toString() {
        return "Result{" +
                "success=" + success +
                ", message='" + message + '\'' +
                '}';
    }
}
```

现在我们来定义下单接口IOrderService，如下所示。

```
public interface IOrderService {
    /**
     * 下单接口
     * @param order
     * @return
     */
    Result confirmOrder(TradeOrder order);
}
```

12.3.2　下单接口实现类定义

接下来我们来一步一步实现下单接口，首先使用注解写出伪代码，如下所示。

```
public class OrderServiceImpl implements IOrderService {
    @Override
    public Result confirmOrder(TradeOrder order) {
        //1.校验订单
```

```
        //2.生成预订单
        //3.扣减库存
        //4.扣减优惠券
        //5.使用余额
        //6.确认订单
        //7.返回成功状态
        return null;
    }
}
```

接收到用户传过来的参数，首先应该对参数进行校验，伪代码如下。

```
/**
 * 校验订单
 *
 * @param order
 */
private void checkOrder(TradeOrder order) {
    //1.校验订单是否存在
    if (order == null) {
        CastException.cast(ShopCode.SHOP_ORDER_INVALID);
    }
    //2.校验订单中的商品是否存在
    //3.校验下单用户是否存在
    //4.校验商品单价是否合法
    //5.校验订单商品数量是否合法

    log.info("校验订单通过");
}
```

从代码中可以看到，我们自定义了一个异常抛出类CastException，内容如下。

```
/**
 * 异常抛出类
 */
@Slf4j
public class CastException {
    public static void cast(ShopCode shopCode) {
        log.error(shopCode.toString());
        throw new CustomerException(shopCode);
    }
}
```

并创建了一个自定义异常CustomerException，内容如下。

```
/**
```

```
 *  自定义异常
 */
public class CustomerException extends RuntimeException {

    private ShopCode shopCode;

    public CustomerException(ShopCode shopCode) {
        this.shopCode = shopCode;
    }
}
```

同时为了规范编码，我们创建了一个枚举ShopCode，部分内容如下。

```
public enum ShopCode {
    //正确
    SHOP_SUCCESS(true, 1, "正确"),
    //错误
    SHOP_FAIL(false, 0, "错误"),

    //付款
    SHOP_USER_MONEY_PAID(true, 1, "付款"),
    //退款
    SHOP_USER_MONEY_REFUND(true, 2, "退款"),
    //订单未确认
SHOP_ORDER_NO_CONFIRM(false, 0, "订单未确认"),

//省略部分枚举值...

Boolean success;
    Integer code;
    String message;

    ShopCode() {

    }

    ShopCode(Boolean success, Integer code, String message) {
        this.success = success;
        this.code = code;
        this.message = message;
}

// 省略get/set

    @Override
    public String toString() {
        return "ShopCode{" +
```

```
                    "success=" + success +
                    ", code=" + code +
                    ", message='" + message + '\'' +
                    '}';
    }
}
```

现在回过头来看校验订单方法中的第2步，考虑一下如何校验订单中的商品是否存在。

这当然就涉及trade_goods商品表了，所以这里一定会调用shop-goods模块，那么如何去调用呢？这就要引出RPC框架Dubbo了。

12.3.3 注册中心 Nacos 搭建

要使用Dubbo，首先需要一个注册中心，我们选择的是Nacos，接下来就来安装并启动一下Nacos。

（1）去官网直接下载Nacos的稳定版本，这里我们选择的是1.4.1，进入官方github的地址https://github.com/alibaba/nacos/releases/tag/1.4.1，选择nacos-server-1.4.1.zip下载，如图12.12所示。

图12.12　Nacos搭建步骤1

（2）将其解压后进bin目录中，用记事本打开startup.cmd，将set MODE="cluster"改成set MODE="standalone"，也就是改成单机模式运行，然后双击startup.cmd即可启动Nacos，如图12.13所示。

（3）打开http://localhost:8848/nacos即可进入Nacos控制台，查看注册信息，如图12.14所示。

至此，Nacos的基本环境已经搭建好了，当然这只是单机环境，生产环境中是需要配置成集群模式的，详细配置方法可以参照官方文档。

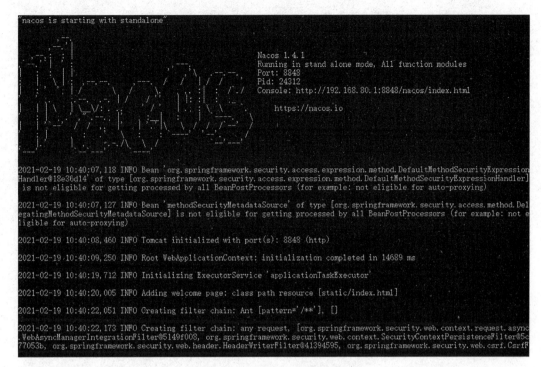

图12.13　Nacos搭建步骤2

图12.14　Nacos搭建步骤3

12.3.4 引入 Dubbo 框架

首先我们来改造shop-goods模块，为了引入Dubbo，需要在pom.xml中增加如下内容。

```xml
<dependency>
    <groupId>com.alibaba.cloud</groupId>
    <artifactId>spring-cloud-starter-dubbo</artifactId>
</dependency>
```

然后在启动类ShopGoodsApplication上增加@EnableDiscoveryClient注解，用于开启服务注册，并在application.yaml文件中增加如下内容。

```yaml
spring:
  application:
    # 应用名称
    name: shop-goods
  main:
    allow-bean-definition-overriding: true
  cloud:
    nacos:
      # Nacos服务发现与注册配置
      discovery:
        server-addr: 127.0.0.1:8848
  datasource:
    driverClassName: com.mysql.cj.jdbc.Driver
    type: com.zaxxer.hikari.HikariDataSource
    url: jdbc:mysql://127.0.0.1:3306/shop?useUnicode=true&characterEncoding=utf8
    username: root
    password: root
server:
  port: 8081
dubbo:
  scan:
    # dubbo服务扫描基准包
    base-packages: com.huc.shop
  protocol:
    # dubbo协议
    name: dubbo
    # dubbo协议端口（-1表示自增端口，从20880开始）
    port: -1
  registry:
    # 挂载到Spring Cloud注册中心
    address: spring-cloud://localhost
```

第 12 章　电商网站系统案例实战

由于我们使用的是mybatis操作数据库，所以直接在父工程shop-module的pom.xml中引入mybatis依赖，如下所示。

```
<dependency>
    <groupId>org.mybatis.spring.boot</groupId>
    <artifactId>mybatis-spring-boot-starter</artifactId>
</dependency>
```

并在shop-goods工程的application.yaml文件中增加mybatis配置，如下所示。

```
# MyBatis
mybatis:
  # 搜索指定包别名
  typeAliasesPackage: com.huc.**.domain
  # 配置mapper的扫描，找到所有的mapper.xml映射文件
  mapperLocations: classpath*:mapper/*Mapper.xml
```

至此，基本的环境就准备好了，接下来进入编码环节。

同样使用idea逆向生成实体类TradeGoods与Mapper，为了让各个工程可以共用实体类，我们把所有实体类统一放到shop-common-core工程中。

接着在shop-api工程中定义远程调用的接口RemoteGoodsService，内容如下。

```
public interface RemoteGoodsService {
    /**
     * 根据ID查询商品对象
     *
     * @param goodsId
     * @return
     */
    TradeGoods findOne(Long goodsId);
}
```

然后在shop-goods工程中定义RemoteGoodsService的实现类RemoteGoodsServiceImpl，内容如下。

```
@DubboService(
        interfaceClass = RemoteGoodsService.class
)
public class RemoteGoodsServiceImpl implements RemoteGoodsService {
    @Autowired
    private TradeGoodsMapper goodsMapper;
    @Override
    public TradeGoods findOne(Long goodsId) {
```

259

```
        if (goodsId == null) {
            CastException.cast(ShopCode.SHOP_REQUEST_PARAMETER_VALID);
        }
        return goodsMapper.selectByPrimaryKey(goodsId);
    }
}
```

这段代码的实现还是很简单的，就是使用Mybatis查询一下数据库，重点是增加了@DubboService注解，注解后服务会被Dubbo管理注册到Nacos注册中心中。

其实到这里我们已经实现了Dubbo服务提供者的开发，现在启动shop-goods，就可以在Nacos管控台中查看到shop-goods服务了，如图12.15所示。

图12.15　shop-goods服务注册

现在用相同的方式改造shop-order工程，具体过程不再赘述，在application.yaml文件中新增如下内容。

```
dubbo:
  cloud:
    subscribed-services: shop-goods
```

意思是只订阅shop-goods服务，如果不配置此项，则默认订阅所有服务。

回到OrderServiceImpl类中，增加如下内容来引用Dubbo服务。

```
@DubboReference(interfaceClass=RemoteGoodsService.class)
```

```
private RemoteGoodsService goodsService;
```

其实就是增加了@DubboReference注解，可见使用Spring Cloud引用Dubbo还是很容易的。

然后我们在校验订单的方法中增加校验订单中的商品是否存在的内容，修改后的内容如下。

```
/**
 * 校验订单
 *
 * @param order
 */
private void checkOrder(TradeOrder order) {
    //1.校验订单是否存在
    if (order == null) {
        CastException.cast(ShopCode.SHOP_ORDER_INVALID);
    }
    //2.校验订单中的商品是否存在
    TradeGoods goods = goodsService.findOne(order.getGoodsId());
    if (goods == null) {
        CastException.cast(ShopCode.SHOP_GOODS_NO_EXIST);
    }
    //3.校验下单用户是否存在
    //4.校验商品单价是否合法
    //5.校验订单商品数量是否合法

    log.info("校验订单通过");
}
```

为了测试Dubbo服务是否能够正常访问，我们定义了一个测试用的Controller，内容如下。

```
@RestController
public class TradeOrderController {
    @Autowired
    IOrderService orderService;
    @GetMapping("test")
    public Result test(){
        try {
            orderService.confirmOrder(new TradeOrder());
        } catch (Exception e) {
            e.printStackTrace();
        }
        return new Result(true,"下单成功! ");
    }
}
```

然后启动shop-order工程，使用idea的rest插件或者使用postman测试接口，可以确认已经成功通过dubbo调用到了shop-goods服务。

既然我们已经学会使用Dubbo进行远程调用，那么校验订单方法中的其他内容，笔者就不带大家一点一点去写了，技术上都是一样的，具体内容请参考随书源码。

最终校验订单方法如下。

```
/**
 * 校验订单
 *
 * @param order
 */
private void checkOrder(TradeOrder order) {
    //1.校验订单是否存在
    if (order == null) {
        CastException.cast(ShopCode.SHOP_ORDER_INVALID);
    }
    //2.校验订单中的商品是否存在
    TradeGoods goods = goodsService.findOne(order.getGoodsId());
    if (goods == null) {
        CastException.cast(ShopCode.SHOP_GOODS_NO_EXIST);
    }
    //3.校验下单用户是否存在
    TradeUser user = userService.findOne(order.getUserId());
    if (user == null) {
        CastException.cast(ShopCode.SHOP_USER_NO_EXIST);
    }
    //4.校验商品单价是否合法
    if (order.getGoodsPrice().compareTo(goods.getGoodsPrice()) !=
0) {
        CastException.cast(ShopCode.SHOP_GOODS_PRICE_INVALID);
    }
    //5.校验订单商品数量是否合法
    if (order.getGoodsNumber() >= goods.getGoodsNumber()) {
        CastException.cast(ShopCode.SHOP_GOODS_NUM_NOT_ENOUGH);
    }
    log.info("校验订单通过");
}
```

12.3.5 订单接口实现类开发

我们已经通过校验订单的业务来完善了开发框架，现在下单接口实现类内容如下。

```
public Result confirmOrder(TradeOrder order) {
```

```
    //1.校验订单
    checkOrder(order);
    //2.生成预订单
    //3.扣减库存
    //4.扣减优惠券
    //5.使用余额
    //6.确认订单
    //7.返回成功状态
    return new Result(true,"下单成功! ");
}
```

接下来我们就一步一步地实现订单接口的内容，业务上的内容就不讲解了，直接看代码即可。

（1）生成预订单。

```
/**
 * 生成预订单
 *
 * @param order
 * @return
 */
private Long savePreOrder(TradeOrder order) {
    //1. 设置订单状态为不可见
    order.setOrderStatus(ShopCode.SHOP_ORDER_NO_CONFIRM.getCode());
    //2. 设置订单ID
    long orderId = idWorker.nextId();
    order.setOrderId(orderId);
    //3. 核算订单运费
    BigDecimal shippingFee = calculateShippingFee(order.getOrderAmount());
    if(order.getShippingFee().compareTo(shippingFee)!=0){
        CastException.cast(ShopCode.SHOP_ORDER_SHIPPINGFEE_INVALID);
    }
    //4. 核算订单总金额是否合法
    BigDecimal orderAmount = order.getGoodsPrice().multiply(new BigDecimal(order.getGoodsNumber()));
    orderAmount = orderAmount.add(shippingFee);
    if(order.getOrderAmount().compareTo(orderAmount)!=0){
        CastException.cast(ShopCode.SHOP_ORDERAMOUNT_INVALID);
    }
    //5.判断用户是否使用余额
    BigDecimal moneyPaid = order.getMoneyPaid();
    if(moneyPaid!=null){
        //5.1 订单中余额是否合法
        int r = moneyPaid.compareTo(BigDecimal.ZERO);
```

```
        //余额小于0
        if(r==-1){
            CastException.cast(ShopCode.SHOP_MONEY_PAID_LESS_ZERO);
        }

        //余额大于0
        if(r==1){
            TradeUser user = userService.findOne(order.getUserId());

            if(moneyPaid.compareTo(user.getUserMoney())==1){
                CastException.cast(ShopCode.SHOP_MONEY_PAID_
INVALID);
            }
        }

    }else{
        order.setMoneyPaid(BigDecimal.ZERO);
    }
    //6.判断用户是否使用优惠券
    Long couponId = order.getCouponId();
    if(couponId!=null){
        TradeCoupon coupon = couponService.findOne(couponId);
        //6.1 判断优惠券是否存在
        if(coupon==null){
            CastException.cast(ShopCode.SHOP_COUPON_NO_EXIST);
        }
        //6.2 判断优惠券是否已经被使用
        if(coupon.getIsUsed().intValue()==ShopCode.SHOP_COUPON_
ISUSED.getCode().intValue()){
            CastException.cast(ShopCode.SHOP_COUPON_ISUSED);
        }
        order.setCouponPaid(coupon.getCouponPrice());
    }else{
        order.setCouponPaid(BigDecimal.ZERO);
    }
    //7.核算订单支付金额：订单总金额-余额-优惠券金额
    BigDecimal payAmount = order.getOrderAmount().subtract(order.
getMoneyPaid()).subtract(order.getCouponPaid());
    order.setPayAmount(payAmount);
    //8.设置下单时间
    order.setAddTime(new Date());
    //9.保存订单到数据库
    orderMapper.insert(order);
    //10.返回订单ID
    return orderId;
}
```

（2）扣减库存。

我们在做扣减库存时，需要保证高并发下的一致性，不过暂时先不考虑。

```java
/**
 * 扣减库存
 * @param order
 */
private void reduceGoodsNum(TradeOrder order) {
    TradeGoodsNumberLog goodsNumberLog = new TradeGoodsNumberLog();
    goodsNumberLog.setOrderId(order.getOrderId());
    goodsNumberLog.setGoodsId(order.getGoodsId());
    goodsNumberLog.setGoodsNumber(order.getGoodsNumber());
    Result result = goodsService.reduceGoodsNum(goodsNumberLog);
    if(result.getSuccess().equals(ShopCode.SHOP_FAIL.getSuccess())){
        CastException.cast(ShopCode.SHOP_REDUCE_GOODS_NUM_FAIL);
    }
    log.info("订单:"+order.getOrderId()+"扣减库存成功");
}
```

reduceGoodsNum方法的内容如下。

```java
public Result reduceGoodsNum(TradeGoodsNumberLog goodsNumberLog) {
    if (goodsNumberLog == null ||
            goodsNumberLog.getGoodsNumber() == null ||
            goodsNumberLog.getOrderId() == null ||
            goodsNumberLog.getGoodsNumber() == null ||
            goodsNumberLog.getGoodsNumber().intValue() <= 0) {
        CastException.cast(ShopCode.SHOP_REQUEST_PARAMETER_VALID);
    }
    TradeGoods goods = goodsMapper.selectByPrimaryKey(goodsNumberLog.getGoodsId());
    if(goods.getGoodsNumber()<goodsNumberLog.getGoodsNumber()){
        //库存不足
        CastException.cast(ShopCode.SHOP_GOODS_NUM_NOT_ENOUGH);
    }
    //减库存
    goods.setGoodsNumber(goods.getGoodsNumber()-goodsNumberLog.getGoodsNumber());
    goodsMapper.updateByPrimaryKey(goods);


    //记录库存操作日志
    goodsNumberLog.setGoodsNumber(-(goodsNumberLog.getGoodsNumber()));
    goodsNumberLog.setLogTime(new Date());
    goodsNumberLogMapper.insert(goodsNumberLog);
```

```
        return new Result(ShopCode.SHOP_SUCCESS.
getSuccess(),ShopCode.SHOP_SUCCESS.getMessage());
    }
```

（3）扣减优惠券。

```
    /**
     * 使用优惠券
     * @param order
     */
    private void updateCouponStatus(TradeOrder order) {
        if(order.getCouponId()!=null){
            TradeCoupon coupon = couponService.findOne(order.get
CouponId());
            coupon.setOrderId(order.getOrderId());
            coupon.setIsUsed(ShopCode.SHOP_COUPON_ISUSED.getCode());
            coupon.setUsedTime(new Date());

            //更新优惠券状态
            Result result = couponService.updateCouponStatus(coupon);
           if(result.getSuccess().equals(ShopCode.SHOP_FAIL.getSuccess())){
                CastException.cast(ShopCode.SHOP_COUPON_USE_FAIL);
            }
            log.info("订单:"+order.getOrderId()+",使用优惠券");
        }
    }
```

updateCouponStatus方法的内容如下。

```
    public Result updateCouponStatus(TradeCoupon coupon) {
        if(coupon==null||coupon.getCouponId()==null){
            CastException.cast(ShopCode.SHOP_REQUEST_PARAMETER_VALID);
        }
        //更新优惠券状态
        couponMapper.updateByPrimaryKey(coupon);
        return new Result(ShopCode.SHOP_SUCCESS.getSuccess(),ShopCode.
SHOP_SUCCESS.getMessage());
    }
```

（4）扣减余额。

```
    /**
     * 扣减余额
     * @param order
     */
```

```
    private void reduceMoneyPaid(TradeOrder order) {
        if(order.getMoneyPaid()!=null && order.getMoneyPaid().compareTo
(BigDecimal.ZERO)==1){
            TradeUserMoneyLog userMoneyLog = new TradeUserMoneyLog();
            userMoneyLog.setOrderId(order.getOrderId());
            userMoneyLog.setUserId(order.getUserId());
            userMoneyLog.setUseMoney(order.getMoneyPaid());
            userMoneyLog.setMoneyLogType(ShopCode.SHOP_USER_MONEY_
PAID.getCode());
            Result result = userService.updateMoneyPaid(userMoneyLog);
            if(result.getSuccess().equals(ShopCode.SHOP_FAIL.get
Success())){
                CastException.cast(ShopCode.SHOP_USER_MONEY_REDUCE_
FAIL);
            }
            log.info("订单:"+order.getOrderId()+",扣减余额成功");
        }
    }
```

updateMoneyPaid方法涉及对余额的操作，是要绝对保证分布式事务的，我们使用日志表的方式做了一层保障，当然也可以加上Seata分布式事务或直接加上分布式锁，这里暂且不加，内容如下。

```
public Result updateMoneyPaid(TradeUserMoneyLog userMoneyLog) {
    //1.校验参数是否合法
    if(userMoneyLog==null ||
            userMoneyLog.getUserId()==null ||
            userMoneyLog.getOrderId()==null ||
            userMoneyLog.getUseMoney()==null||
        userMoneyLog.getUseMoney().compareTo(BigDecimal.ZERO)
<=0){
        CastException.cast(ShopCode.SHOP_REQUEST_PARAMETER_VALID);
    }

    //2.查询订单余额使用日志
    TradeUserMoneyLogExample userMoneyLogExample = new
TradeUserMoneyLogExample();
    TradeUserMoneyLogExample.Criteria criteria =
userMoneyLogExample.createCriteria();
    criteria.andOrderIdEqualTo(userMoneyLog.getOrderId());
    criteria.andUserIdEqualTo(userMoneyLog.getUserId());
    long r = userMoneyLogMapper.countByExample(userMoneyLogExa-
mple);

    TradeUser tradeUser = userMapper.
selectByPrimaryKey(userMoneyLog.getUserId());
```

```
            //3.扣减余额...
        if(userMoneyLog.getMoneyLogType().intValue()==ShopCode.SHOP_
USER_MONEY_PAID.getCode().intValue()){
            if(r>0){
                //已经付款
                CastException.cast(ShopCode.SHOP_ORDER_PAY_STATUS_
IS_PAY);
            }
            //减余额
        tradeUser.setUserMoney(tradeUser.getUserMoney().subtract
(userMoneyLog.getUseMoney()));
            userMapper.updateByPrimaryKey(tradeUser);
        }
        //4.回退余额...
        if(userMoneyLog.getMoneyLogType().intValue()==ShopCode.SHOP_
USER_MONEY_REFUND.getCode().intValue()){
            if(r<0){
                //如果没有支付,则不能回退余额
                CastException.cast(ShopCode.SHOP_ORDER_PAY_STATUS_
NO_PAY);
            }
            //防止多次退款
            TradeUserMoneyLogExample userMoneyLogExample2 = new
TradeUserMoneyLogExample();
            TradeUserMoneyLogExample.Criteria criteria1 = userMoney
LogExample2.createCriteria();
            criteria1.andOrderIdEqualTo(userMoneyLog.getOrderId());
            criteria1.andUserIdEqualTo(userMoneyLog.getUserId());
            criteria1.andMoneyLogTypeEqualTo(ShopCode.SHOP_USER_
MONEY_REFUND.getCode());
            long r2 = userMoneyLogMapper.countByExample(userMoneyL-
ogExample2);
            if(r2>0){
                CastException.cast(ShopCode.SHOP_USER_MONEY_REFUND_
ALREADY);
            }
            //退款
        tradeUser.setUserMoney(tradeUser.getUserMoney().add
(userMoneyLog.getUseMoney()));
            userMapper.updateByPrimaryKey(tradeUser);
        }
        //5.记录订单余额使用日志
        userMoneyLog.setCreateTime(new Date());
        userMoneyLogMapper.insert(userMoneyLog);
        return new Result(ShopCode.SHOP_SUCCESS.getSuccess(),Shop
Code.SHOP_SUCCESS.getMessage());
    }
```

（5）确认订单。

```
/**
 * 确认订单
 * @param order
 */
private void updateOrderStatus(TradeOrder order) {
    order.setOrderStatus(ShopCode.SHOP_ORDER_CONFIRM.getCode());
    order.setPayStatus(ShopCode.SHOP_ORDER_PAY_STATUS_NO_PAY.
getCode());
    order.setConfirmTime(new Date());
    int r = orderMapper.updateByPrimaryKey(order);
    if(r<=0){
        CastException.cast(ShopCode.SHOP_ORDER_CONFIRM_FAIL);
    }
    log.info("订单:"+order.getOrderId()+"确认订单成功");
}
```

至此，订单接口的正向流程就开发完成了，接口实现类如下。

```
public Result confirmOrder(TradeOrder order) {
    //1.校验订单
    checkOrder(order);
    //2.生成预订单
    Long orderId = savePreOrder(order);
    try {
        //3.扣减库存
        reduceGoodsNum(order);
        //4.扣减优惠券
        updateCouponStatus(order);
        //5.使用余额
        reduceMoneyPaid(order);
        //6.确认订单
        updateOrderStatus(order);
        //7.返回成功状态
        return new Result(ShopCode.SHOP_SUCCESS.getSuccess(),
ShopCode.SHOP_SUCCESS.getMessage());
    } catch (Exception e) {

    }

    return new Result(true, "下单成功! ");
}
```

12.3.6 使用 RocketMQ 实现失败补偿机制

现在我们来考虑如果正向流程中发生异常，如何来进行事务的回滚。这里是通过 RocketMQ实现的。

在开始之前先新建一张MQ消息生产表。

```sql
CREATE TABLE trade_mq_producer_temp(
    id VARCHAR(128) NOT NULL    COMMENT '主键',
    group_name VARCHAR(128)        COMMENT '生产者组名',
    msg_topic VARCHAR(128)        COMMENT '消息主题',
    msg_tag VARCHAR(128)        COMMENT 'Tag',
    msg_key VARCHAR(128)        COMMENT 'Key',
    msg_body VARCHAR(1024)        COMMENT '消息内容',
    msg_status INT(1)        COMMENT '0:未处理;1:已经处理',
    create_time DATETIME NOT NULL    COMMENT '记录时间',
    PRIMARY KEY (id)
) COMMENT = 'MQ消息生产表';
```

一张MQ消息消费表如下所示。

```sql
CREATE TABLE trade_mq_consumer_log(
    msg_id VARCHAR(64) NOT NULL    COMMENT '消息ID',
    group_name VARCHAR(128) NOT NULL    COMMENT '消费者组名',
    msg_tag VARCHAR(128) NOT NULL    COMMENT 'Tag',
    msg_key VARCHAR(128) NOT NULL    COMMENT 'Key',
    msg_body VARCHAR(1024)        COMMENT '消息体',
    consumer_status INT(1)        COMMENT '0:正在处理;1:处理成功;2:处理失败',
    consumer_times INT(1)        COMMENT '消费次数',
    consumer_timestamp DATETIME        COMMENT '消费时间',
    remark VARCHAR(1024)        COMMENT '备注',
    PRIMARY KEY (msg_id,group_name,msg_tag,msg_key)
) COMMENT = 'MQ消息消费表';
```

首先我们创建一个实体类，用作消息实体，内容如下。

```java
public class MQEntity {

    private Long orderId;
    private Long couponId;
    private Long userId;
    private BigDecimal userMoney;
    private Long goodsId;
private Integer goodsNum;
// 省略get/set
```

```
}
```

然后在下单接口的catch中组织消息实体的数据。

```
//1.确认订单失败，发送消息
MQEntity mqEntity = new MQEntity();
mqEntity.setOrderId(orderId);
mqEntity.setUserId(order.getUserId());
mqEntity.setUserMoney(order.getMoneyPaid());
mqEntity.setGoodsId(order.getGoodsId());
mqEntity.setGoodsNum(order.getGoodsNumber());
mqEntity.setCouponId(order.getCouponId());
```

然后就是发送消息给RocketMQ了，如何使用Spring Boot来操作RocketMQ，我们之前已经讲解过了。现在直接在shop-module的pom文件中增加如下内容。

```
<!-- 实现对RocketMQ的自动化配置 -->
<dependency>
    <groupId>org.apache.rocketmq</groupId>
    <artifactId>rocketmq-spring-boot-starter</artifactId>
    <version>2.1.1</version>
</dependency>
```

然后在shop-order的application.yaml中增加RocketMQ的配置。

```
# rocketmq配置项，对应RocketMQProperties配置类
rocketmq:
  name-server: 192.168.220.112:9876 # RocketMQ Namesrv
  # Producer配置项
  producer:
    group: orderProducerGroup # 生产者分组
```

编写发送消息的代码如下。

```
/**
 * 发送订单确认失败消息
 *
 * @param topic
 * @param tag
 * @param keys
 * @param body
 */
private void sendCancelOrder(String topic, String tag, String
keys, String body) throws InterruptedException, RemotingException,
```

```
MQClientException, MQBrokerException {
     Message message = new Message(topic, tag, keys, body.getBytes
());
        rocketMQTemplate.getProducer().send(message);
    }
```

在下单接口中直接调用发送消息的方法即可，如下所示。

```
  public Result confirmOrder(TradeOrder order) {
// 略
     try {
// 略
     } catch (Exception e) {
         //1.确认订单失败,发送消息
         MQEntity mqEntity = new MQEntity();
         mqEntity.setOrderId(orderId);
         mqEntity.setUserId(order.getUserId());
         mqEntity.setUserMoney(order.getMoneyPaid());
         mqEntity.setGoodsId(order.getGoodsId());
         mqEntity.setGoodsNum(order.getGoodsNumber());
         mqEntity.setCouponId(order.getCouponId());
         //2.返回订单确认失败消息
         try {
             sendCancelOrder("orderTopic", "order_cancel",
                    order.getOrderId().toString(), JSON.toJSONS
tring(mqEntity));
         } catch (Exception e1) {
             e1.printStackTrace();
         }
         return new Result(ShopCode.SHOP_FAIL.getSuccess(),
ShopCode.SHOP_FAIL.getMessage());
     }
  }
```

那么谁来接收这条消息呢？这就要分析哪些地方需要执行回滚操作了。

首先是扣减库存部分，当发生异常的时候一定需要回退库存，所以我们在shop-goods中增加一个RocketMQ的消费者，来处理回退库存的操作，代码如下，请参照注释阅读。

```
@Slf4j
@Component
@RocketMQMessageListener(topic = "orderTopic",consumerGroup =
"order_orderTopic_cancel_group",
     messageModel = MessageModel.BROADCASTING )
public class CancelMQListener implements
RocketMQListener<MessageExt> {
```

```java
private String groupName="order_orderTopic_cancel_group";

@Autowired
private TradeGoodsMapper goodsMapper;

@Autowired
private TradeMqConsumerLogMapper mqConsumerLogMapper;

@Override
public void onMessage(MessageExt messageExt) {
    String msgId=null;
    String tags=null;
    String keys=null;
    String body=null;
    try {
        //1. 解析消息内容
        msgId = messageExt.getMsgId();
        tags= messageExt.getTags();
        keys= messageExt.getKeys();
        body= new String(messageExt.getBody(),"UTF-8");

        log.info("接收消息成功");

        //2. 查询消息消费记录
        TradeMqConsumerLogKey primaryKey = new TradeMqConsumer
LogKey();
        primaryKey.setMsgId(msgId);
        primaryKey.setMsgTag(tags);
        primaryKey.setMsgKey(keys);
        primaryKey.setGroupName(groupName);
        TradeMqConsumerLog mqConsumerLog =
mqConsumerLogMapper.selectByPrimaryKey(primaryKey);

        if(mqConsumerLog!=null){
            //3. 判断如果消费过...
            //3.1 获得消息处理状态
            Integer status = mqConsumerLog.getConsumerStatus();
            //处理过...返回
            if(ShopCode.SHOP_MQ_MESSAGE_STATUS_SUCCESS.getCode().
intValue()==status.intValue()){
                log.info("消息:"+msgId+",已经处理过");
                return;
            }

            //正在处理...返回
            if(ShopCode.SHOP_MQ_MESSAGE_STATUS_PROCESSING.get
```

273

```java
Code().intValue()==status.intValue()){
                log.info("消息:"+msgId+",正在处理");
                return;
            }

        //处理失败
        if(ShopCode.SHOP_MQ_MESSAGE_STATUS_FAIL.getCode().
intValue()==status.intValue()){
            //获得消息处理次数
            Integer times = mqConsumerLog.getConsumerTimes();
            if(times>3){
                log.info("消息:"+msgId+",消息处理超过3次,不能
再进行处理了");
                return;
            }
            mqConsumerLog.setConsumerStatus(ShopCode.SHOP_
MQ_MESSAGE_STATUS_PROCESSING.getCode());

            //使用数据库乐观锁更新，这里使用consumerTimes作为乐观锁
            TradeMqConsumerLogExample example = new TradeMq
ConsumerLogExample();
            TradeMqConsumerLogExample.Criteria criteria =
example.createCriteria();
            criteria.andMsgTagEqualTo(mqConsumerLog.getMsg
Tag());
            criteria.andMsgKeyEqualTo(mqConsumerLog.getMsg
Key());
            criteria.andGroupNameEqualTo(groupName);
            criteria.andConsumerTimesEqualTo(mqConsumerLog.
getConsumerTimes());
            int r = mqConsumerLogMapper.updateByExampleSel-
ective(mqConsumerLog, example);
            if(r<=0){
                //未修改成功,其他线程并发修改
                log.info("并发修改,稍后处理");
            }
        }

    }else{
        //4. 判断如果没有消费过...
        mqConsumerLog = new TradeMqConsumerLog();
        mqConsumerLog.setMsgTag(tags);
        mqConsumerLog.setMsgKey(keys);
        mqConsumerLog.setGroupName(groupName);
        mqConsumerLog.setConsumerStatus(ShopCode.SHOP_MQ_
MESSAGE_STATUS_PROCESSING.getCode());
        mqConsumerLog.setMsgBody(body);
        mqConsumerLog.setMsgId(msgId);
```

274

```
                mqConsumerLog.setConsumerTimes(0);

                //将消息处理信息添加到数据库
                mqConsumerLogMapper.insert(mqConsumerLog);
            }
        //5. 回退库存
        MQEntity mqEntity = JSON.parseObject(body, MQEntity.class);
        Long goodsId = mqEntity.getGoodsId();
        TradeGoods goods = goodsMapper.selectByPrimaryKey(goodsId);
        goods.setGoodsNumber(goods.getGoodsNumber()+mqEntity.
getGoodsNum());
            goodsMapper.updateByPrimaryKey(goods);


            //6. 将消息的处理状态改为成功
            mqConsumerLog.setConsumerStatus(ShopCode.SHOP_MQ_MESSAGE_
STATUS_SUCCESS.getCode());
            mqConsumerLog.setConsumerTimestamp(new Date());
            mqConsumerLog.setConsumerTimes(mqConsumerLog.
getConsumerTimes()+1);
            mqConsumerLogMapper.updateByPrimaryKey(mqConsumerLog);
            log.info("回退库存成功");
        } catch (Exception e) {
            e.printStackTrace();
            TradeMqConsumerLogKey primaryKey = new TradeMqConsumer
LogKey();
            primaryKey.setMsgId(msgId);
            primaryKey.setMsgTag(tags);
            primaryKey.setMsgKey(keys);
            primaryKey.setGroupName(groupName);
            TradeMqConsumerLog mqConsumerLog = mqConsumerLogMapper.
selectByPrimaryKey(primaryKey);
            if(mqConsumerLog==null){
                //数据库未有记录
                mqConsumerLog = new TradeMqConsumerLog();
                mqConsumerLog.setMsgTag(tags);
                mqConsumerLog.setMsgKey(keys);
                mqConsumerLog.setGroupName(groupName);
                mqConsumerLog.setConsumerStatus(ShopCode.SHOP_MQ_
MESSAGE_STATUS_FAIL.getCode());
                mqConsumerLog.setMsgBody(body);
                mqConsumerLog.setMsgId(msgId);
                mqConsumerLog.setConsumerTimes(1);
                mqConsumerLogMapper.insert(mqConsumerLog);
            }else{
                mqConsumerLog.setConsumerTimes(mqConsumerLog.get
ConsumerTimes()+1);
                mqConsumerLogMapper.updateByPrimaryKeySelective(mq
```

```
ConsumerLog);
                }
            }

        }
}
```

当然除了回退库存外，还需要回退优惠券、回退余额、取消订单，代码实现方式都是类似的，主要考虑重复消费幂等性问题就可以了，这部分代码就不在这里演示了，可以参照随书源码。

12.4 支付业务开发

本节我们开始开发支付业务，现在开发框架已经基本完成，所以支付业务的开发效率会更高。

12.4.1 支付接口定义

支付业务主要包含两部分，即创建支付订单和支付回调部分，所以我们创建的接口如下。

```
public interface RemotePayService {

    Result createPayment(TradePay tradePay);

    Result callbackPayment(TradePay tradePay) throws Exception;
}
```

可能有些小伙伴不理解这个支付回调部分是什么意思，笔者在这里说明一下。

支付业务一定会去调用第三方的支付接口，在调用第三方支付接口的时候如何才能知道支付的结果呢？这就需要第三方支付接口调用我们提供的回调接口了。

所以这个回调接口其实是提供给第三方支付接口来回调的。

12.4.2 创建支付订单

对于创建支付订单的业务其实比较简单，就是在调用第三方支付接口前保存一份支付订单，代码如下。

```
public Result createPayment(TradePay tradePay) {

    if(tradePay==null || tradePay.getOrderId()==null){
        CastException.cast(ShopCode.SHOP_REQUEST_PARAMETER_VALID);
    }

    //1.判断订单支付状态
    TradePayExample example = new TradePayExample();
    TradePayExample.Criteria criteria = example.
createCriteria();
    criteria.andOrderIdEqualTo(tradePay.getOrderId());
    criteria.andIsPaidEqualTo(ShopCode.SHOP_PAYMENT_IS_PAID.
getCode());
    long r = tradePayMapper.countByExample(example);
    if(r>0){
        CastException.cast(ShopCode.SHOP_PAYMENT_IS_PAID);
    }
    //2.设置订单的状态为未支付
    tradePay.setIsPaid(ShopCode.SHOP_ORDER_PAY_STATUS_NO_PAY.
getCode());
    //3.保存支付订单
    tradePay.setPayId(idWorker.nextId());
    tradePayMapper.insert(tradePay);

    return new Result(ShopCode.SHOP_SUCCESS.getSuccess(),Shop
Code.SHOP_SUCCESS.getMessage());
    }
```

12.4.3　支付回调接口

有关支付回调接口的作用，前面已经和小伙伴们说明了，这里直接看代码即可。

```
public Result callbackPayment(TradePay tradePay) {
    log.info("支付回调");
    //1. 判断用户支付状态
    if(tradePay.getIsPaid().intValue()==ShopCode.SHOP_ORDER_
PAY_STATUS_IS_PAY.getCode().intValue()){
        //2. 更新支付订单状态为已支付
        Long payId = tradePay.getPayId();
        TradePay pay = tradePayMapper.selectByPrimaryKey(payId);
        //判断支付订单是否存在
        if(pay==null){
            CastException.cast(ShopCode.SHOP_PAYMENT_NOT_FOUND);
        }
        pay.setIsPaid(ShopCode.SHOP_ORDER_PAY_STATUS_IS_PAY.
```

```
getCode());
            int r = tradePayMapper.updateByPrimaryKeySelective(pay);
            log.info("支付订单状态改为已支付");
            if(r==1){
                //3. 创建支付成功的消息
                TradeMqProducerTemp tradeMqProducerTemp = new Trade
MqProducerTemp();
                    tradeMqProducerTemp.setId(String.valueOf(idWorker.
nextId()));
                    tradeMqProducerTemp.setGroupName(groupName);
                    tradeMqProducerTemp.setMsgTopic(topic);
                    tradeMqProducerTemp.setMsgTag(tag);
                    tradeMqProducerTemp.setMsgKey(String.valueOf(trade
Pay.getPayId()));
                    tradeMqProducerTemp.setMsgBody(JSON.toJSONString
(tradePay));
                    tradeMqProducerTemp.setCreateTime(new Date());
                //4. 将消息持久化数据库
                mqProducerTempMapper.insert(tradeMqProducerTemp);
                log.info("将支付成功消息持久化到数据库");

                //在线程池中进行处理
                threadPoolTaskExecutor.submit(new Runnable() {
                    @Override
                    public void run() {
                        //5. 发送消息到MQ
                        SendResult result = null;
                        try {
                            result = sendMessage(topic, tag, String.
valueOf(tradePay.getPayId()), JSON.toJSONString(tradePay));
                        } catch (Exception e) {
                            e.printStackTrace();
                        }
                        if(result.getSendStatus().equals(SendStatus.
SEND_OK)){
                            log.info("消息发送成功");
                            //6. 等待发送结果,如果MQ接收到消息,删除发送
成功的消息
                            mqProducerTempMapper.deleteByPrimaryKe
y(tradeMqProducerTemp.getId());
                            log.info("持久化到数据库的消息删除");
                        }
                    }
                });

            }
            return new Result(ShopCode.SHOP_SUCCESS.
```

```
getSuccess(),ShopCode.SHOP_SUCCESS.getMessage());
        }else{
            CastException.cast(ShopCode.SHOP_PAYMENT_PAY_ERROR);
            return new Result(ShopCode.SHOP_FAIL.
getSuccess(),ShopCode.SHOP_FAIL.getMessage());
        }
    }
```

看完上面的代码可能有些小伙伴会有疑问，为什么要发送消息到RocketMQ呢？答案很明显，支付成功之后当然要做一些操作了。

12.4.4　消息的消费

支付成功后，支付服务payService发送MQ消息，订单服务、用户服务、日志服务需要订阅消息进行处理。

（1）订单服务修改订单状态为已支付。

（2）日志服务记录支付日志。

（3）用户服务负责给用户增加积分。

这部分的业务逻辑就是这么多了，代码方面其实和下单业务中消费消息的部分是类似的，我们只以订单服务为例编写代码。

```
@Slf4j
@Component
@RocketMQMessageListener(topic = "payTopic",consumerGroup = "pay_
payTopic_group",
        messageModel = MessageModel.BROADCASTING )
public class PaymentListener implements RocketMQListener<MessageExt> {

    @Autowired
    private TradeOrderMapper orderMapper;

    @Override
    public void onMessage(MessageExt messageExt) {

        log.info("接收到支付成功消息");

        try {
            //1.解析消息内容
            String body = new String(messageExt.getBody(),"UTF-8");
            TradePay tradePay = JSON.parseObject(body,TradePay.class);
            //2.根据订单ID查询订单对象
            TradeOrder tradeOrder = orderMapper.selectByPrimaryKey
(tradePay.getOrderId());
```

```
        //3.更改订单支付状态为已支付
        tradeOrder.setPayStatus(ShopCode.SHOP_ORDER_PAY_STATUS_
IS_PAY.getCode());
        //4.更新订单数据到数据库
        orderMapper.updateByPrimaryKey(tradeOrder);
        log.info("更改订单支付状态为已支付");
    } catch (UnsupportedEncodingException e) {
        e.printStackTrace();
    }

  }
}
```

剩下的业务上都是类似的，这里就不演示了。

12.5 网关服务的完善

至此关于业务部分的开发已经算是完成了，但似乎遗漏了什么。没错，我们的shop-gateway工程还没有实现。

12.5.1 网关服务的搭建

首先我们要先理解网关的作用是什么。这里笔者用最简短的话解释一下：用户是如何在前端页面发送请求到分布式系统中的呢？总需要一个入口，而网关就是那个入口。

前端页面通过网关提供的固定访问地址，来将请求转发到真实的服务器地址中，这就是网关的核心功能。除此之外，通过网关可以实现负载均衡、权限校验、流量控制，甚至是灰度发布和蓝绿部署等功能。感兴趣的小伙伴可以自行了解这些功能的含义，这里就不多做介绍了。

现在我们动手来把网关服务搭建起来吧！

首先还是先看一下pom文件中的内容。

```xml
<?xml version="1.0" encoding="UTF-8"?>
<project xmlns="http://maven.apache.org/POM/4.0.0"
xmlns:xsi="http://www.w3.org/2001/XMLSchema-instance"
        xsi:schemaLocation="http://maven.apache.org/POM/4.0.0
https://maven.apache.org/xsd/maven-4.0.0.xsd">
    <parent>
```

```xml
        <groupId>com.huc</groupId>
        <artifactId>shop</artifactId>
        <version>1.1.0</version>
    </parent>
    <modelVersion>4.0.0</modelVersion>
    <artifactId>shop-gateway</artifactId>
    <description>网关模块</description>

    <dependencies>
        <!-- SpringCloud Gateway -->
        <dependency>
            <groupId>org.springframework.cloud</groupId>
            <artifactId>spring-cloud-starter-gateway</artifactId>
        </dependency>
        <!-- SpringCloud Ailibaba Nacos -->
        <dependency>
            <groupId>com.alibaba.cloud</groupId>
            <artifactId>spring-cloud-starter-alibaba-nacos-discovery
</artifactId>
        </dependency>
    </dependencies>

    <build>
        <finalName>${project.artifactId}</finalName>
        <plugins>
            <plugin>
                <groupId>org.springframework.boot</groupId>
                <artifactId>spring-boot-maven-plugin</artifactId>
                <executions>
                    <execution>
                        <goals>
                            <goal>repackage</goal>
                        </goals>
                    </execution>
                </executions>
            </plugin>
        </plugins>
    </build>

</project>
```

　　里面的依赖很简单，就是gateway的依赖和nacos的依赖。最主要需要编写的内容其实就是配置文件application.yaml了，内容如下。

```yaml
server:
```

```yaml
      port: 8090
spring:
  application:
    # 应用名称
    name: shop-gateway
  cloud:
    nacos:
      # Nacos服务发现与注册配置
      discovery:
        server-addr: 127.0.0.1:8848
    gateway:
      discovery:
        locator:
          enabled: true
          lower-case-service-id: true
      routes:
        - id: shop-order
          uri: lb://shop-order
          predicates:
            - Path=/order/** # 转发该路径
          filters:
            - StripPrefix=1
server:
  port: 8091
```

这里我们以shop-order项目为例，也就是说只要通过/order/**访问网关，请求就会被转发到注册中心的shop-order服务中。

12.5.2 测试网关服务

现在网关服务的转发机制其实已经搭建完成了，为了看到效果，我们就把之前编写的测试接口改造一下，如下所示。

```java
    @GetMapping("test")
    public Result test(){
//        try {
//            orderService.confirmOrder(new TradeOrder());
//        } catch (Exception e) {
//            e.printStackTrace();
//        }
        return new Result(true,"下单成功! ");
    }
```

其实就是简单地让它返回一个响应给浏览器。

这时我们用浏览器访问http://localhost:8085/test，这里的8085指的是shop-order服务指定的端口，就可以看到如下返回值。

```
{"success":true,"message":"下单成功！"}
```

如果想要通过网关转发的方式访问测试接口，就可以在浏览器中访问http://localhost:8091/order/test，返回的结果也是一样的。

```
{"success":true,"message":"下单成功！"}
```

到这里，我们的简易网关服务就搭建完成了。

12.6　小结

本章我们一起动手完成了电商网站系统的案例实战，虽然内容不多，但需要掌握的技术已经可以运用到其中了。而对于电商业务的学习其实并不重要，这只是一个例子，用来给我们练手的。

对于业务，还是建议小伙伴们去深入学习自己公司能够用到的业务，阅读本书以学习技术为主。

后续作业：自己动手完成Spring Cloud Alibaba项目的搭建工作，并实现一个简单的前端页面，与后台代码进行整合，最后使用Kubernetes进行微服务的部署。

本书到这里就结束了，内容虽然不是很多，但一定会对你的职业生涯有所帮助。